航天器操控技术丛书

大型卫星星座控制技术

Control Technology for Large Satellite Constellations

李恒年　著

国防工业出版社

·北京·

内 容 简 介

本书是关于维持和运控大规模卫星星座相关轨道控制理论、方法和技术的综合专著，包括星座轨道摄动理论、星座构型稳定分析、星座轨道偏置设计、星座组网部署控制、星座构型稳定维持、星座构型重组和星座备份补网以及星座离轨控制等内容，系统阐述了我国北斗卫星导航星座采用固化空间相对构型的控制方案和实施轨道主动偏置补偿的构型稳定技术方法。

本书可供高等院校师生及相关专业科技人员参考和使用。

图书在版编目（CIP）数据

大型卫星星座控制技术 / 李恒年著. —北京：国防工业出版社，2023.11

（航天器操控技术丛书）

ISBN 978-7-118-13071-3

Ⅰ. ①大…　Ⅱ. ①李…　Ⅲ. ①星座－卫星构型－控制

Ⅳ. ①V211

中国国家版本馆 CIP 数据核字（2023）第 214984 号

※

国防工业出版社出版发行

（北京市海淀区紫竹院南路 23 号　邮政编码 100048）

北京虎彩文化传播有限公司印刷

新华书店经售

*

开本 710×1000　1/16　插页 3　印张 10　字数 172 千字

2023 年 12 月第 1 版第 1 次印刷　印数 1—1500 册　定价 98.00 元

（本书如有印装错误，我社负责调换）

国防书店：（010）88540777　　　书店传真：（010）88540776

发行业务：（010）88540717　　　发行传真：（010）88540762

丛书编写委员会

主　编：

李恒年（宇航动力学国家重点实验室）

副主编：

罗建军（航天飞行动力学技术国家级重点实验室）

高　扬（中国科学院空间应用工程与技术中心）

姜　宇（宇航动力学国家重点实验室）

委　员：

陈　刚（宇航动力学国家重点实验室）

曹鹏飞（北京航天飞行控制中心）

党朝辉（航天飞行动力学技术国家级重点实验室）

马卫华（航天飞行动力学技术国家级重点实验室）

贺波勇（宇航动力学国家重点实验室）

李海阳（国防科技大学）

刘建平（宇航动力学国家重点实验室）

李　勇（宇航动力学国家重点实验室）

沈红新（宇航动力学国家重点实验室）

王明明（航天飞行动力学技术国家级重点实验室）

张天骄（宇航动力学国家重点实验室）

朱　俊（宇航动力学国家重点实验室）

赵树强（宇航动力学国家重点实验室）

丛 书 序

探索浩瀚宇宙，发展航天事业，建设航天强国，是我们不懈追求的航天梦。近年来，中国航天迎来了一个又一个的惊喜和成就："天问一号"迈出了我国自主开展行星探测的第一步；"北斗三号"全球卫星导航系统成功建成；"嫦娥五号"探测器成功携带月球样品安全返回着陆；中国空间站天和核心舱发射成功，我国空间站进入全面运营阶段。这些重要突破和捷报，标志着我国探索太空的步伐越来越大、脚步将迈得更稳更远。

航天器操控技术作为航天科技的核心技术之一，在这些具有重要意义的事件中，无时无刻不发挥着它的作用。目前，我国已进入了航天事业高速发展的阶段，飞行任务和环境日益复杂，航天器操控技术的发展面临着前所未有的机遇与挑战。航天器操控技术包括星座控制、操控任务规划、空间机器人操控、碰撞规避、精密定轨等，相关技术是做好太空系统运行管理的基础。习近平总书记指出，"要统筹实施国家太空系统运行管理，提高管理和使用效益"，"太空资产是国家战略资产，要管好用好，更要保护好"。这些重要指示，为我们进一步开展深入研究与应用工作提供了根本遵循。

航天器操控技术是做好太空交通管理，实现在轨操作、空间控制、交会控制等在轨操控航天任务的基础。随着航天工程的发展、先进推进系统的应用和复杂空间任务的开展，迫切需要发展航天器操控的新理论与新方法，提高航天器操控系统能力，提升我国卫星进入并占据"高边疆"的技术能力。航天器操控理论与技术的发展和控制科学与工程等学科的发展紧密结合，一方面航天器操控是控制理论重要研究背景和标志性应用领域之一，另一方面控制科学与工程学科取得的成果也推动了先进控制理论和方法的不断拓展。经过数十年的发展，中国已经步入世界航天大国的行列，航天器操控理论与技术已取得了长足进步，适时总结航天器操控技术的研究成果很有必要，因此我们组织编写《航天器操控技术丛书》。

丛书由西安卫星测控中心宇航动力学国家重点实验室牵头组织，航天飞行动力学技术国家级重点实验室、国防科技大学等多家单位参与编写，丛书整体分为4部分：动力学篇、识别篇、操控技术篇、规划篇；"动力学篇"部分介绍我国航天器操控动力学实践的最新进展，内容涵盖卫星编队动力学、星座动力学、高轨操控动力学等；"识别篇"部分介绍轨道确定和姿态识别领域的最新研究成果；"操控技术篇"部分介绍了星座构型控制技术、空间操控地面信息系统技术、站网资源调度技术、数字卫星技术等核心技术进展;"规划篇"部分介绍航天任务规划智能优化、可达域、空间机械臂运动规划、非合作目标交会规划、航天器协作博弈规划与控制等领域的研究成果。

总体来看,丛书以航天器轨道姿态动力学为基础,同时包含规划和控制等学科丰富的理论与方法,对我国航天器操控技术领域近年来的研究成果进行了系统总结。丛书内容丰富、系统规范,这些理论方法和应用技术能够有效支持复杂操控任务的实施。丛书所涉相关成果成功应用于我国"北斗"星座卫星、"神舟"系列飞船、"风云""海洋""资源""遥感""天绘""天问""量子"等系列卫星以及"高分专项工程""探月工程"等多项重大航天工程的测控任务,有效保障了出舱活动、火星着陆、月面轨道交会对接等的顺利开展。

丛书各分册作者都是航天器操控领域的知名学者或者技术骨干,其中很多人还参加过多次卫星测控任务,近年来他们的研究拓展了航天器操控及相关领域的知识体系,部分研究成果具有很强的创新性。本套丛书里的研究内容填补了国内在该方向的研究空白,对我国的航天器操控研究和应用具有理论支持和工程参考价值,可供从事航天测控、航天操控智能化、航天器长期管理、太空交通管理的研究院所、高等院校和商业航天企业的专家学者参考。希望本套丛书的出版,能为我国航天事业贡献一点微薄的力量,这是我们"航天人"一直以来都愿意做的事,也是我们一直都会做的事。

丛书中部分分册获得了国防科技图书出版基金项目、航天领域首批重点支持的创新团队项目、国家自然科学基金重大项目、科技创新 2030-新一代人工智能重大项目、173 计划重点项目、部委级战略科技人才项目等支持。在丛书编写和出版过程中,丛书编委会得到国防工业出版社领导和编辑、西安卫星测控中心领导和专家的大力支持,在此一并致谢。

丛书编委会

2022 年 9 月

前　言

　　工程上将维持星座构型位于标称设计轨道的控制技术和实施方法称为星座构型维持控制技术。星座构型维持控制技术目的是对星座卫星实施轨道控制，使得星座中的卫星在一定的精度要求下保持在设计轨道附近，从而实现星座构型在一定精度要求下保持不变。

　　本书是关于维持和运控大规模卫星星座相关轨道控制理论、方法和技术的综合性专著，是重大专项项目大型星座构型维持控制技术的研究成果，也是作者从实践中探索出来的经验和方法总结。全书共分9章：第1章绪论，阐述大型星座概念和星座构型控制现状，简要介绍典型大型卫星星座构型及构型控制技术；第2章星座轨道摄动理论，讨论在各种摄动因素作用下的大型卫星星座轨道长期摄动运动规律；第3章星座构型稳定理论，讨论大型卫星星座构型的稳定性问题，星座构型稳定性就是分析轨道部署初态偏差和不同部署轨道面对星座整体几何构型的稳定性影响；第4章星座构型偏置设计，讨论大型星座整体稳定的摄动补偿参数偏置方法，通过星座构型参数的整体设计来提高星座构型的摄动稳定性，降低星座相位维持控制的频率；第5章星座组网部署控制，讨论大型星座部署过程随轨道摄动的基准选择问题，以及星座构型捕获过程相位角控制问题；第6章星座构型维持策略，讨论大型星座允许的结构变异边界，提出以轨道面赤经和轨道相位角最大容许漂移量作为度量大型星座构型变异边界，给出北斗卫星导航星座构型保持控制指标；第7章星座构型重组策略，讨论对大型星座中大范围轨道机动控制优化重组控制策略，提出备份星轨道选择策略；第8章星座备份补网控制，讨论大型星座备份卫星轨道选择与控制策略问题，提出大型导航星座备份卫星生存轨道选择和工作轨道高度分布策略；第9章星座离轨钝化控制，讨论大型星座卫星失效离轨轨道选择、离轨控制以及燃料估计问题。

　　本书针对大型卫星星座建模，面向北斗卫星导航星座展开讨论和分析。因此，本书内容既是对星座轨道摄动的复杂理论分析，更是强调工程实际约束，从实践沉淀的经验中凝练出具有工程实施可行性的方法和技术。本书的编写一是传达卫星星座构型部署阶段轨道工程师要进行的主要工作以及研究步骤和研究方法；二是希望对大型星座组网和维持控制工程师有所指导，更好地厘清当前纷繁复杂的工作头绪，以维持和管理好星座；三是固化知识，请业内同行参考批评。因此，本书最直接的读者是大型星座组网和维持控制轨道分析工程师，同时，本书也可作为宇航科学轨道动力学与控制专业研究生和相应院所科研人员拓展应用学习的参考书。

本书的创新之处在于系统地提出和阐述了我国北斗卫星导航星座采用固化空间相对构型的控制方案和实施轨道主动偏置补偿的构型稳定技术方法。与美国 GPS 星座采用的基本固定星下点构型控制方案不同，本书提出的固化空间相对构型的控制方案和实施轨道主动偏置补偿的构型稳定技术方法，自 2013 年起应用于北斗卫星导航星座 50 余颗卫星组网和运行控制。运控数据表明，采用此方案，北斗卫星导航星座每颗卫星 10 年内至多需要轨控 2～3 次，较 GPS 星座每颗卫星 1 年内至少需要轨控 2 次，卫星控制频次显著降低，星座稳定性显著提升。因此，利用轨道演化规律提升星座稳定性和设计构型稳定控制方案，对星座系统组网和长期稳定运行意义重大。

焦文海博士全程组织北斗重大专项项目大型星座构型维持控制技术的研究成果评审工作，并多次给出课题研究的建设性意见；钱山博士参与星座构型重组策略设计和星座长期运维基线确定部分研究及报告编制工作；李昭博士参与星座初态组网控制实施和星座构型稳定维持实施部分研究和报告编制工作；孙守明博士参与星座构型重组策略设计部分研究和报告编制工作。在此感谢科研团队对书稿依托的科研背景做出的贡献。

2019 年 12 月 16 日，北斗卫星导航系统完成核心网络部署的历史性时刻，在北京航天城完成了本书的初稿。

李恒年
北京航天城
2019 年 12 月 16 日

目 录

第1章	绪论	/ 001
	1.1 卫星星座	/ 001
	1.2 星座控制技术	/ 004
	参考文献	/ 006

第2章	星座轨道摄动理论	/ 007
	2.1 概述	/ 007
	2.2 半长轴摄动	/ 008
	2.3 轨道倾角摄动	/ 009
	2.4 升交点赤经摄动	/ 013
	2.5 轨道偏心率摄动	/ 019
	2.6 轨道相位摄动	/ 021
	2.7 小结	/ 026
	参考文献	/ 026

第3章	星座构型稳定理论	/ 028
	3.1 概述	/ 028
	3.2 星座构型稳定性表征	/ 029
	3.3 星座相对赤经稳定性	/ 032
	3.3.1 赤经长期摄动建模	/ 032
	3.3.2 相对赤经演化建模	/ 033
	3.3.3 中高轨星座赤经稳定性	/ 035
	3.3.4 低轨星座赤经稳定性	/ 037
	3.4 星座相对倾角稳定性	/ 040
	3.4.1 倾角长期摄动建模	/ 040
	3.4.2 相对倾角演化建模	/ 041

　　　　 3.4.3　相对倾角稳定性　　　　　　　　　　　　 / 041
　　 3.5　星座相对相位稳定性　　　　　　　　　　　　　 / 043
　　　　 3.5.1　相位长期摄动建模　　　　　　　　　　　 / 043
　　　　 3.5.2　相对相位演化建模　　　　　　　　　　　 / 045
　　　　 3.5.3　中高轨星座相位稳定性　　　　　　　　　 / 047
　　　　 3.5.4　低轨星座相位稳定性　　　　　　　　　　 / 049
　　 3.6　小结　　　　　　　　　　　　　　　　　　　　 / 052
　　 参考文献　　　　　　　　　　　　　　　　　　　　 / 053

第 4 章　星座构型偏置设计　　　　　　　　　　　　　　 / 055
　　 4.1　概述　　　　　　　　　　　　　　　　　　　　 / 055
　　 4.2　摄动补偿偏置方法　　　　　　　　　　　　　　 / 055
　　 4.3　耦合补偿偏置　　　　　　　　　　　　　　　　 / 057
　　 4.4　解耦补偿偏置　　　　　　　　　　　　　　　　 / 061
　　 4.5　相位补偿偏置　　　　　　　　　　　　　　　　 / 062
　　 4.6　偏置设计分析　　　　　　　　　　　　　　　　 / 065
　　 4.7　小结　　　　　　　　　　　　　　　　　　　　 / 066
　　 参考文献　　　　　　　　　　　　　　　　　　　　 / 067

第 5 章　星座组网部署控制　　　　　　　　　　　　　　 / 068
　　 5.1　概述　　　　　　　　　　　　　　　　　　　　 / 068
　　 5.2　轨道部署优化　　　　　　　　　　　　　　　　 / 068
　　 5.3　轨道偏置部署　　　　　　　　　　　　　　　　 / 070
　　 5.4　基准星部署轨道　　　　　　　　　　　　　　　 / 073
　　 5.5　从属星部署轨道　　　　　　　　　　　　　　　 / 077
　　 5.6　组网相位控制策略　　　　　　　　　　　　　　 / 079
　　 5.7　小结　　　　　　　　　　　　　　　　　　　　 / 082
　　 参考文献　　　　　　　　　　　　　　　　　　　　 / 082

第 6 章　星座构型维持策略　　　　　　　　　　　　　　 / 083
　　 6.1　概述　　　　　　　　　　　　　　　　　　　　 / 083
　　 6.2　地面覆盖重数约束　　　　　　　　　　　　　　 / 083
　　　　 6.2.1　星座覆盖重数统计　　　　　　　　　　　 / 083
　　　　 6.2.2　星座覆盖重数约束　　　　　　　　　　　 / 083
　　　　 6.2.3　星座覆盖约束分析　　　　　　　　　　　 / 089

6.3 星座碰撞规避约束 / 092

    6.3.1 交点碰撞相位约束 / 092

    6.3.2 交点碰撞轨道面约束 / 093

6.4 星座构型维持频次估计 / 095

6.5 卫星相位维持控制 / 097

6.6 轨道面升交点赤经维持控制 / 100

6.7 小结 / 102

参考文献 / 103

第7章 星座构型重组策略 / 104

7.1 概述 / 104

7.2 星座构型重构需求 / 104

7.3 失效性能影响分析 / 105

7.4 星座重构控制策略 / 108

7.5 均匀相位重构控制 / 111

7.6 星座重构控制规划 / 113

    7.6.1 枚举法优化方案 / 115

    7.6.2 拍卖法优化方案 / 115

7.7 重构案例分析 / 118

7.8 小结 / 120

参考文献 / 121

第8章 星座备份补网控制 / 122

8.1 概述 / 122

8.2 典型星座备份方案 / 122

8.3 备份卫星轨道设计 / 125

8.4 备份卫星轨道补网 / 128

8.5 备份卫星燃料需求 / 132

8.6 小结 / 133

参考文献 / 133

第9章 星座离轨钝化控制 / 135

9.1 概述 / 135

9.2 离轨轨道选择 / 136

    9.2.1 低于伽利略星座 / 136

　　　　9.2.2 　高于伽利略星座　　　　　　　　　　/ 139

9.3 　离轨轨道冻结要求　　　　　　　　　　　　/ 141

9.4 　离轨燃料评估要求　　　　　　　　　　　　/ 142

9.5 　离轨控制参数计算　　　　　　　　　　　　/ 146

9.6 　小结　　　　　　　　　　　　　　　　　　/ 147

参考文献　　　　　　　　　　　　　　　　　　　/ 147

01 / 第1章
绪论

1.1 卫星星座

卫星星座由多颗卫星组成,其部署轨道形成相对固定的空间几何关系,卫星之间保持相对固定的时空关系,协同完成全球遥感、全球通信、全球导航等特定任务。比如,用于全球导航的全球定位系统(global positioning system,GPS)导航星座、北斗导航星座等。根据星座的卫星数量和任务规模,卫星星座可以划分为巨大型星座和中小型星座,本书中大型卫星星座特指那些数量规模大于 30 颗卫星,区别于动辄成千上万规模的巨型卫星星座,后者以其巨大的数量规模弥补空间几何分布变化和星座构型变异。因此,本书认为星座大型与巨型的界定,除了数量规模因素,对整体空间几何分布变化和星座构型维持技术要求不同也是划分大型和巨型星座的重要因素。

(1)美国 GPS 星座。美国 GPS 星座从 1973 年开始研制,1978 年开始部署,1993 年 12 月开始提供服务,1995 年 7 月整网运行。GPS 是由美国军方为取得在全球的军事优势而发展的,是一个主要为军事服务,同时也兼顾民用的卫星导航系统。GPS 最初设计为 Walker 24/6/1 星座构型,以 21 颗卫星、6 个轨道面(其中 3 颗为备份星)为基线围绕覆盖美国尤马试验场开展设计和组网,以便完成系统验证。为降低星座对卫星失效的敏感性,GPS 在基线星座的基础上增加了 3 颗在轨备份星,形成 21+3 的导航卫星星座。GPS 采用了轨道倾角为 55°、高度约为 20196km 的 1 天/2 圈回归轨道,约 12h 周期的回归共振轨道,有利于地面观测网调度和局部覆盖优化,但是星座轨道受到地球引力场共振项的影响,其轨道半长轴存在长期项摄动变化,星座构型需要频繁控制才能保持长期稳定。

(2)俄罗斯格洛纳斯(GLONASS)星座。俄罗斯 GLONASS 星座从 20 世纪 70 年代开始研制,到 1996 年完成了 24 颗工作卫星部署。GLONASS 星座采用的是 24/3/1 的 Walker-δ 星座,卫星轨道为倾角 64.8°、高度 19129km 的 8 天 17 圈回归轨道。轨道偏心率小于 0.001,每个轨道面的升交点赤经相差 120°。由于 GLONASS 卫星的轨道倾角大于 GPS 卫星的轨道倾角,所以在高纬度(50° 以上)地区的可见性较好。在星座完整的情况下，在全球任何地方、任何时刻最少可以观测 5 颗 GLONASS 卫星。从 2008 年开始至今，俄罗斯对 GLONASS 卫星进行了多次补网发射，但整体性能仍然落后于美国 GPS 星座。

（3）欧盟伽利略（Galileo）星座。2001 年 4 月，欧盟启动了 Galileo 卫星导航系统计划，Galileo 星座的设计目标是能提供比 GPS 和 GLONASS 更高的服务质量。该星座方案经过多轮优化，目前全配置的伽利略系统由位于 3 个轨道面的 30 颗卫星组成。Galileo 星座构型为 Walker 27+3/3/1，采用倾角为 56°、高度为 23222km 的 10 天/17 圈回归轨道。Galileo 星座设计时充分考虑了卫星可靠性对 Galileo 星座性能的影响，通过优化轨道避免了对卫星的频繁机动，降低了卫星频繁执行机动对系统可用性的影响，星座具有很高的稳健性。

（4）北斗卫星导航星座。北斗卫星导航系统综合考虑了约束我国全球星座构型设计的主要指标和特殊需求。目前，由（24+3）中高轨道卫星（MEO）+3 地球同步倾斜轨道卫星（IGSO）+3 地球静止轨道卫星（GEO）组成基本星座构型，下面给出北斗卫星导航星座设计构型和标称轨道参数。设计构型标称轨道参数如表 1-1 所列。

表 1-1　北斗星座标称星座构型

项　目	数　值	项　目	数　值
数量	24	平半长轴/km	27906
Walker 星座（S/P/F）	24/3/1	偏心率	0.001
回归轨道（天/圈）	7/13	平均高度/km	21528
分离数 F=1	1	近地高度/km	21500
周期/s	46380	远地高度/km	21556
标称倾角/(°)	55		

北斗卫星星座中编号为 $S(n,m)$ 的卫星，其置入轨道的轨道面升交点赤经和升交点幅角分别为

$$\begin{cases} \Omega_{n,m} = \dfrac{360}{P}(n-1) \\ u_{n,m} = \dfrac{360}{S}(m-1) + \dfrac{360}{N}F(n-1) \\ n = 1,2,\cdots,P; m = 1,2,\cdots,S \end{cases}$$

式中：P 为轨道面个数；S 为卫星规模数；F 为相位分离数。

北斗卫星导航系统星座标称轨道面和相位分布如图 1-1 所示，轨道面和相位分布具体值如表 1-2 所列。北斗卫星导航系统星座构型和地面轨迹分布如图 1-2 所示。

（5）SpaceX 星链星座。星链星座面向全球用户，星座设计不仅要求全球无缝覆盖，同时还要求低延迟，因此设计高度比其他星座低，典型高度是 550km 和 380km。轨道高度低则覆盖范围小，所以需要的卫星数量多。根据卫星的即时覆盖

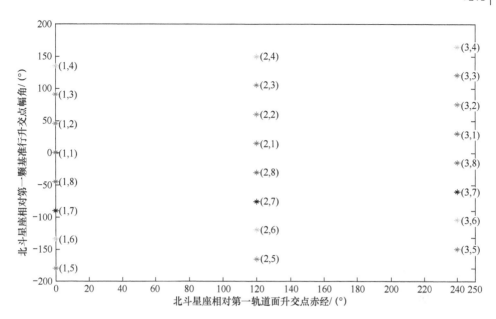

图1-1 北斗标称轨道面和相位分布

表1-2 北斗标称轨道面和相位分布表

轨 道 面	相 位 S							
	$m=1$	$m=2$	$m=3$	$m=4$	$m=5$	$m=6$	$m=7$	$m=8$
第一轨道面($n=1$)	0	45	90	135	180	225	270	315
第二轨道面($n=2$)	15	60	105	150	195	240	285	330
第三轨道面($n=3$)	30	75	120	165	210	255	300	345

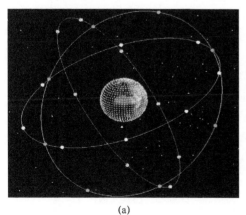
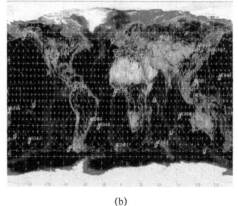

(a)   (b)

图1-2 北斗卫星导航星座轨道与轨迹

（a）北斗星座空间轨道分布；（b）北斗星座地面轨迹分布。

区面积，可以推算最少卫星数量。假设卫星波束视场半角是15.5°，550km高度时对应的半地心张角约为1.5°，表征覆盖范围约为3°，此时要同时覆盖赤道圈至少需要 120 颗卫星。进一步假设 120 颗 90° 倾角轨道面，每个轨道面占据一个经度圈，每个经度圈需要 120 颗卫星，因此，需要 120×120=14400 颗卫星。为了实现不同卫星覆盖的无缝连接，还需要多星覆盖区域具有部分重叠，所以所需卫星数目比估算的还要多一些。

　　SpaceX 原计划在 21 世纪 20 年代中期之前，在三个轨道上部署接近 12000 颗卫星：首先，在 550km 轨道部署约 1600 颗卫星；其次，在 1150km 轨道部署约 2800 颗 Ku 波段和 Ka 波段卫星；最后，在 340km 轨道部署约 7500 颗 V 波段卫星。从 2018 年 2 月 22 日首次发射，截至 2021 年 12 月 18 日，累计发射 1892 颗卫星，其中 1732 颗正常工作，除了几个极轨，轨道倾角均为 53° 附近，典型高度是 550km，升交点赤经间隔大约 5°，标称情况下大约 72 个轨道面，每个轨道面均匀分布约 20 颗卫星，同一轨道面下方会放置备份卫星，当工作卫星失效时备份卫星抬高轨道补充对应轨位。图 1-3 给出了分布最集中的 550km 高度的卫星轨道面-相位分布图。可见，目前存在 5 个轨道面的间隙和部分轨道面卫星部署还不完整的情况。

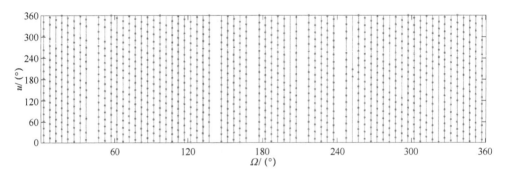

图 1-3　星链 550km 高度的卫星轨道面-相位分布图

1.2　星座控制技术

　　星座构型是指卫星星座中组成卫星的空间分布和轨道分布的相互关系的描述，星座中每颗卫星由于其初始入轨误差以及在轨运行期间所受轨道摄动（主要是大气阻力摄动、地球非球形摄动、日月三体引力摄动和太阳辐射压力摄动）的微小差异，经过长时间积累，星座构型将逐渐偏离设计标称轨道，工程上将维持星座构型位于标称设计轨道的控制技术和实施方法，称为星座控制技术。因此，星座控制的目的是对星座卫星实施轨道控制，使得星座中任意卫星保持在设计轨道附近，在一定精度要求下实现星座构型保持基本稳定。

　　星座构型控制技术就是维持星座构型位于标称设计轨道的控制技术和实施方法。星座控制技术贯穿特定星座设计、部署、运维等整个工作周期，包括星座构型摄动演化理论、星座构型稳定性能分析、星座初始轨道偏置设计、星座初态组网控制实施、星座构型稳定维持实施、星座构型重组策略设计、星座长期运维基线确定和星座备份及离轨控制技术及方法。

1. 美国 GPS 星座构型控制

GPS 星座在基于性能持续提升原则下进行星座构型优化设计。GPS 星座继续优化卫星星座相位,并将轨道高度由 20196km 升高到 20230.22km,将升交点地理经度控制阈值由 1°提高到 2°,使单个卫星轨道维持频度维持在一年一次。GPS 星座在卫星组网和运行阶段均考虑了适当的备份以确保系统运行稳定。GPS 星座在轨备份策略是根据多种因素计算得到备份卫星和替补卫星的部署轨道面和轨道相位。同时,针对退役卫星对星座全球覆盖性能的影响评估结果,对星座卫星相位进行动态配置,不仅在一定程度上节省了经费,而且使 GPS 星座在构型维持上具有相当的灵活性。如美国为了备战伊拉克战争,从 2010 年 1 月开始对个别卫星进行长达 1 年的轨道调整,以增强伊拉克和阿富汗美军用户的使用效果。而且,GPS 星座的长期维持策略正逐渐由"按计划发射"方式向"按需要发射"方式过渡。GPS 中替补卫星的部署轨道面和轨道相位随发射需要进行动态优化确定,以便更好地满足全球定位精度、连续性、完好性和可用性等系统性能指标要求。

2. 欧盟 Galileo 星座构型控制

欧盟 Galileo 星座在考虑系统备份时充分借鉴了已在轨导航星座的运行经验,开展了星座性能稳定性的分析和仿真工作,给出了不同轨道高度和轨道面下各种摄动对卫星在轨相位差的长期影响。同时,考虑到卫星寿命和故障对 Galileo 系统在轨服务的影响,开展了卫星短期和长期故障下系统可用性和连续性分析,给出了在轨备份、地面备份、短期故障、长期故障、典型运载故障对星座系统性能的影响。提出了 Galileo 星座对稳定性的要求:①升交点赤经的漂移小于±2°;②轨道倾角的漂移小于±2°;③同轨道面相邻两颗工作卫星,相对沿迹向轨道保持精度优于±3°;④相邻轨道面工作卫星的相对相位差,控制精度优于±3°;⑤每颗卫星工作的轨道参数初始偏置都需要进行优化,从而使每颗卫星在12年内最多只进行1次轨道保持机动,就能够满足 Walker 星座参数的误差范围;⑥卫星半长轴的精度需要校正到±5m;⑦如果采用在轨备份,单星可靠性和故障恢复时间对系统可用性的影响极小,但对连续性影响较为明显,因此在轨备份会增加 Galileo 系统的连续性风险;⑧长期故障是影响系统可用性的最大因素,如果卫星频繁执行机动将等效于星座长期故障,Galileo 系统通过优化轨道和星座避免了对卫星的频繁机动;⑨短期故障是影响星座连续性的最大因素,为此需要加强卫星可靠性设计,注意模块化和简单化;⑩在进行备份策略研究时,由于可靠性分析算法的缺陷,会导致仅根据可靠性计算确定的备份方案出现失真,增加所需卫星的数量,因此应该统一考虑可用性的影响。

本书内容包括星座轨道摄动理论、星座构型稳定建模、星座轨道偏置设计、星座组网部署控制、星座构型稳定维持、星座构型重组和星座备份补网以及星座离轨控制等，以北斗卫星导航星座控制为例，系统介绍了控制理论、方法和相关技术，提出和阐述了我国北斗卫星导航星座采用固化空间相对构型的控制方案和实施轨道主动偏置补偿的构型稳定技术方法。

参考文献

[1] 刘林. 航天器轨道理论[M]. 北京: 国防工业出版社, 2000.

[2] 李恒年, 李济生, 焦文海. 全球星摄动运动及摄动补偿运控策略研究[J]. 宇航学报, 2010, 31(7): 1756-1761.

[3] 姜宇, 李恒年, 宝音贺西. Walker 星座摄动分析与保持控制策略[J]. 空间控制技术与应用, 2013, 39(2): 36-41.

[4] 胡松杰, 陈力, 刘林. 卫星星座的结构演化[J]. 天文学报, 2003, 44(1): 46-54.

[5] 项军华. 卫星星座构型控制与设计研究[D]. 长沙: 国防科技大学, 2007.

[6] 范丽. 卫星星座一体化优化设计方法研究[D]. 长沙: 国防科技大学, 2006.

[7] 张育林, 范丽, 张艳, 等. 卫星星座理论与设计[M]. 北京: 科学出版社, 2008.

[8] 向开恒. 卫星星座站位保持与控制研究[D]. 北京: 北京航空航天大学, 1999.

第 2 章
星座轨道摄动理论

2.1　概述

本章开展星座轨道摄动建模和演化规律分析研究，掌握星座构型异化对导航性能的影响规律，是实现星座几何构型预先优化偏置、参数偏置摄动补偿和长期运行星座维持控制的基础。本章讨论在各种摄动因素作用下的大型卫星星座轨道长期摄动运动规律。

对于中高轨道卫星星座轨道，在各种摄动因素作用下，卫星轨道存在长期摄动运动。影响卫星轨道稳定性的主要因素是地球非球形引力摄动、日月三体引力摄动和太阳辐射压力摄动，如表 2-1 所列。从摄动量级来看，地球非球形引力摄动中的扁率摄动的影响最大，约为 $10^{-4}\sim10^{-5}$ 量级，日月三体引力摄动的量级在 10^{-6} 左右，太阳辐射压力摄动的量级在 10^{-7} 左右。从摄动对卫星轨道的影响看，地球非球形引力摄动对轨道半长轴、偏心率和倾角没有长期影响，而对于升交点赤经、近地点幅角和平近点角存在长期摄动。如果卫星轨道为非共振轨道，那么轨道半长轴的长周期影响在卫星寿命时间（如 10 年）内的影响很小。日月三体引力摄动，引起轨道升交点赤经和近地点幅角的长期和长周期变化，以及倾角和偏心率的长周期变化，对半长轴没有长期和长周期影响。太阳辐射压力摄动，只对轨道偏心率存在长周期影响而无长期变化。卫星轨道运动存在长期项、长周期项和短周期项摄动。其中，长期项随时间呈线性变化，长周期项与近地点幅角和升交点赤经的长期变化相关，短周期项与轨道周期相关。了解摄动对于卫星轨道和星座构型稳定性的影响规律，是实现星座构型设计和星座构型控制的一个重要基础。

表 2-1　中高轨卫星轨道主要摄动因素

摄动运动项目	主要摄动源		
	地球非球形引力	日月三体引力	太阳辐射压力
半长轴	短周期项	—	—
升交点赤经	长期项	长周期项	—
倾角	—	长周期项	—
偏心率	长周期项	—	长周期项

本章给出中高轨大型星座构型摄动解析分析模型和数值分析结果，总结大型中高轨道星座轨道摄动演化规律，以及北斗卫星导航星座实际轨道数据的验证结果。

2.2　半长轴摄动

对于中高轨卫星星座轨道，地球非球形引力、日月三体引力、太阳辐射压力对轨道半长轴没有长期项摄动，仅存在短周期项摄动，短周期项摄动主要由地球扁状引力项 J_2 项引起，周期为半个轨道周期。由拉格朗日行星方程推导，半长轴短周期摄动方程如下：

$$\Delta a(t) = \frac{3J_2 R_e^2}{2r} \sin^2 i \cdot \cos 2u(t)$$

式中：J_2 为二阶带谐项；R_e 为地球赤道半径；r 为卫星地心距；i 为轨道倾角；$u(t)$ 为轨道幅角（从升交点度量）。

以北斗卫星导航星座轨道为例，其标称轨道高度为 21528km，轨道平半长轴为27906km，地球非球形摄动对半长轴的摄动量级约为 1.5km，短周期摄动运动周期约为 6.5h。如图 2-1 所示，当 $u=0°$、$u=180°$ 时，影响达到正的最大，$\Delta a = 1.585$km；当 $u=90°$、$u=270°$ 时，影响达到负的最大，$\Delta a = -1.585$km。

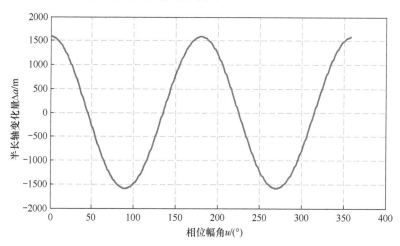

图 2-1　地球非球形摄动力导致北斗轨道半长轴短周期项

通过高精度模型数值积分，北斗卫星导航星座轨道 1 年轨道半长轴演化如图 2-2 所示。表明：①北斗卫星导航星座轨道半长轴不存在长期和长周期摄动项，轨道平均半长轴保持稳定不变；②存在由非球形摄动为主项周期为半个轨道周期的短周期项，摄动振幅约 1.5 km。

北斗卫星导航星座试验星 MEO-1 自 2007 年 5 月完成轨道半长轴及相位控制

后，未对轨道进行任何控制，其平半长轴捕获目标为 27909km，图 2-3 为试验星 5 年实际轨道半长轴变化情况。可以看出，试验星 5 年实际轨道半长轴摄动情况符合理论分析结果，无明显长期摄动，仅存在短周期摄动量。

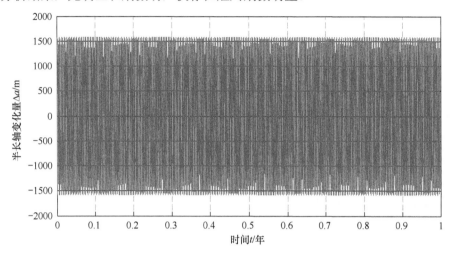

图 2-2　轨道半长轴演化情况（1 年）

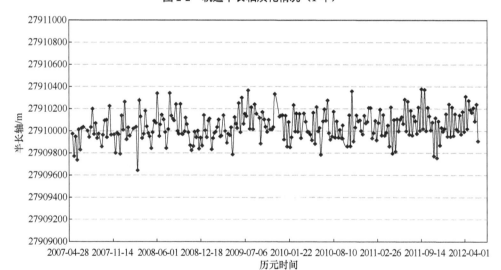

图 2-3　试验星 5 年实际轨道半长轴变化情况

2.3　轨道倾角摄动

由于三体引力（太阳、月球轨道面）与卫星轨道面不重合，三体引力在卫星轨道法向上存在分量，因此，太阳引力、月球引力引起轨道倾角长周期摄动，主项摄动周期分别为星座轨道面进动回归周期约 30 年（见 2.4 节）、半个回归周期约 15 年，

到一年、半月等中长周期。因此，在卫星寿命期（一般不超过15年），倾角长周期项摄动需作为长期项摄动考虑。

地球扁状带谐项对轨道倾角存在周期性影响，周期为半个轨道周期；地球田谐项引起轨道倾角周期摄动，周期为回归周期（7天），相比较而言，中高轨星座轨道倾角摄动运动以三体引力摄动项为主。

1. 太阳引力倾角演化情况

对中高轨星座轨道适当化简拉格朗日行星方程，得到太阳引力对轨道倾角的摄动方程如下：

$$\frac{\mathrm{d}i}{\mathrm{d}t} = \frac{3n_\mathrm{s}^2}{8n}(\sin 2\varOmega \sin i + \sin 2i_\mathrm{s} \sin \varOmega \cos i - \sin 2\varOmega \cos^2 i_\mathrm{s} \sin i)$$

式中：n_s 为太阳平运动角速度；n 为轨道平运动角速度；$\varOmega$ 为轨道升交点赤经；i_s 为黄赤夹角；i 为轨道倾角。

以北斗卫星导航星座轨道为例，太阳引力引起轨道倾角每天变化率与轨道升交点赤经的关系如图2-4（a）所示，每天最多变化 $2.603° \times 10^{-4}$；轨道倾角每年变化率与轨道升交点赤经的关系如图2-4（b）所示，每年最多变化 $0.095°$，按15年倾角不控制情况下，倾角最大变化不超过 $1.425°$，倾角摄动减小或增大与星座轨道面所在的升交点赤经分布相关。

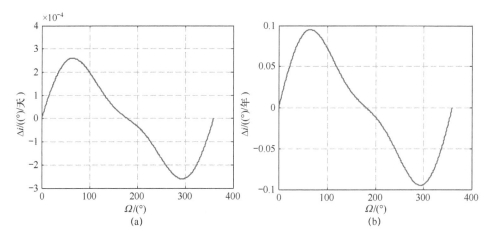

图 2-4 太阳引力引起轨道倾角长周期项摄动与轨道升交点赤经的关系
（a）轨道倾角每天变化率；（b）轨道倾角每年变化率。

2. 月球引力倾角演化情况

对中高轨星座轨道适当化简拉格朗日行星方程，得到月球引力倾角演化方程如下：

$$\frac{\mathrm{d}i}{\mathrm{d}t} = \frac{3}{8} n \sigma \left(\frac{n_\mathrm{m}}{n}\right)^2 \sin(\Omega - \Omega_\mathrm{m}) \left[2\cos(\Omega - \Omega_\mathrm{m}) \sin i + \sin 2i_\mathrm{m} \cos i - \right.$$

$$\left. 2\cos^2 i_\mathrm{m} \sin i \cos(\Omega - \Omega_\mathrm{m}) \right]$$

式中：$\sigma = \dfrac{m_\mathrm{m}}{m_\mathrm{e} + m_\mathrm{m}} = \dfrac{1}{82.3}$，为质量系数；$n_\mathrm{m}$ 为月球平运动角速度；n 为轨道平运动角速度；Ω 为轨道升交点赤经；Ω_m 为月球轨道升交点赤经；i_m 为白道夹角；i 为轨道倾角。

如图 2-5 所示，月球在月球轨道面（白道）交点周期为 27.2122 天，也就是农历中的 1 个月。白道升交点黄经每年西退 19.354 9°，每 18.6 年西退回归一周，因此，白道与赤道的夹角的变化范围为 18.5°～28.5°。

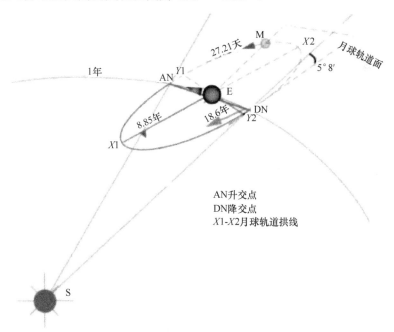

AN升交点
DN降交点
X1-X2月球轨道拱线

图 2-5 白道与黄道面关系

对于北斗卫星导航星座轨道，在月球引力作用下，轨道倾角每天变化率与轨道升交点赤经的关系如图 2-6（a）所示，轨道倾角每天最多变化 $4.469° \times 10^{-4}$；轨道倾角每年变化率与轨道升交点赤经的关系如图 2-6（b）所示，每年最多变化 0.163°，按 15 年倾角不控制情况下，倾角最大变化不超过 2.447°，倾角摄动减小或增大与月球升交点黄经、卫星升交点赤经相关。

综上可得，太阳引力引起轨道倾角每年最大变化量为 0.095°，月球引力引起轨道倾角每年最大变化量为 0.163°。因此，北斗卫星导航星座轨道倾角每年最大变化量不会超过 0.258°。根据北斗卫星导航星座三个轨道面，轨道倾角 10 年演化情况如图 2-7 所示，因为轨道面不同（升交点间隔 120°），三个轨道面倾角摄动规律略有不同，整体上 10 年内倾角不需要控制，能够维持在标称倾角±2°范围内。分析表明：

（1）北斗卫星导航星座轨道倾角摄动运动的长周期项表现为长期摄动；

（2）同一轨道面轨道倾角的变化情况基本一致，不同轨道面轨道倾角的变化趋势不同，原因是倾角摄动运动与轨道倾角和升交点赤经有关；

（3）北斗卫星导航星座轨道倾角，10 年内三个轨道面轨道倾角变化量的最大值分别为−1.76°、1.64°和−0.43°。

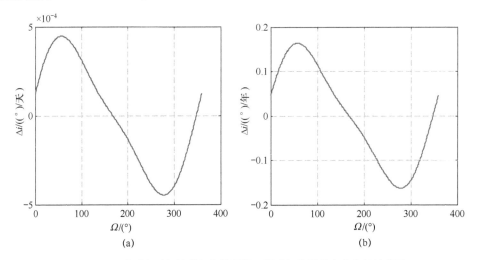

图 2-6　月球引力引起轨道倾角长周期项摄动与轨道升交点赤经的关系
（a）轨道每天变化率；（b）轨道每年变化率。

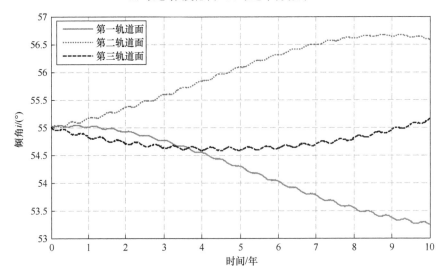

图 2-7　3 个轨道面卫星轨道倾角 10 年演化规律

北斗卫星导航星座试验星5年内实测轨道倾角摄动情况随时间的曲线如图2-8（a）所示，随升交点赤经演化相位图如图2-8（b）所示。图中长周期项表现为长期项摄动，中长周期项为半年周期项，与分析结果一致。

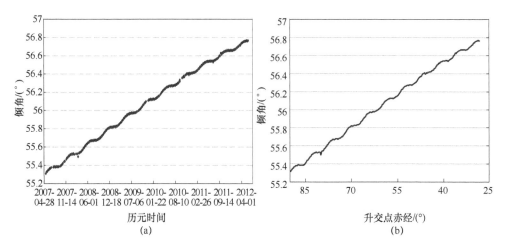

图2-8　试验星5年内轨道倾角和升交点赤经实际摄动情况
（a）5年内轨道倾角摄动变化；（b）升交点赤经与轨道倾角摄动变化。

2.4　升交点赤经摄动

轨道升交点赤经摄动运动主要存在由地球非球形引力摄动和日月三体引力的长期项摄动，太阳辐射压力等摄动因素的影响可以忽略。

1. 地球非球形摄动升交点赤经演化

对中高轨星座轨道拉格朗日行星方程适当化简，得到的轨道升交点赤经长期项摄动方程简化为

$$\frac{\mathrm{d}\Omega}{\mathrm{d}t} = -\frac{3}{2}J_2\sqrt{\frac{\mu}{r^3}}\left(\frac{R_\mathrm{e}}{r}\right)^2\cos i$$

式中：J_2 为地球引力场2阶带谐项；μ 为地球引力常数；R_e 为地球赤道半径；r 为卫星地心距；i 为轨道倾角。

对于北斗卫星导航星座轨道，在地球扁状 J_2 项作用下，如图2-9所示，轨道升交点赤经每天西退约 $0.033°$，一个星下点回归周期（7天）西退约 $0.228°$，每年向西进动 $11.907°$，每 30.235 年进动一周，该周期称为北斗卫星导航星座轨道面进动周期。

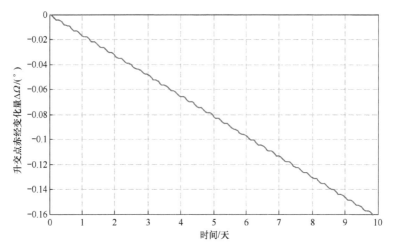

图 2-9　地球非球形摄动力引起升交点赤经的变化

2. 太阳引力升交点赤经演化

对中高轨星座轨道拉格朗日行星方程适当化简,得到太阳引力升交点赤经摄动方程如下:

$$\frac{\mathrm{d}\Omega}{\mathrm{d}t}=\frac{3n_s^2}{2n\sin i}(-\sin 2i\sin^2\Omega-\sin 2i\cos^2 i_s\cos^2\Omega+\sin 2i\sin^2 i_s+$$

$$\sin 2i_s\cos^2 i\cos\Omega-\sin 2i_s\sin^2 i\cos\Omega)$$

式中:n_s 为太阳平角速度;n 为轨道平角速度;Ω 为轨道升交点赤经;i_s 为黄赤夹角;i 为轨道倾角。

在太阳引力作用下,北斗卫星导航星座轨道升交点赤经同样存在西退现象,如图 2-10 所示,由太阳引力引起的升交点赤经西退变化量与轨道当前升交点赤经有

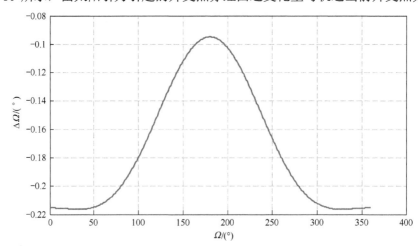

图 2-10　太阳引力引起轨道面升交点赤经的变化（1 年）

关。在一年时间里，太阳引力引起轨道面升交点赤经平均每年西退 0.173°。

3. 月球引力升交点赤经演化

对中高轨星座轨道拉格朗日行星方程适当化简，得到月球引力升交点赤经摄动方程如下：

$$\frac{\mathrm{d}\Omega}{\mathrm{d}t} = \frac{3}{8\sin i} n\sigma \left(\frac{n_{\mathrm{m}}}{n}\right)^2 \left\{ \sin 2i \left[\sin^2 i_{\mathrm{m}} - \sin^2(\Omega - \Omega_{\mathrm{m}}) - \cos^2 i_{\mathrm{m}}\cos^2(\Omega - \Omega_{\mathrm{m}})\right] + \right.$$
$$\left. \sin 2i_{\mathrm{m}}\cos 2i\cos(\Omega - \Omega_{\mathrm{m}}) \right\}$$

式中：σ 为质量系数，$\sigma = \dfrac{m_{\mathrm{m}}}{m_{\mathrm{e}} + m_{\mathrm{m}}} = \dfrac{1}{82.3}$；$n_{\mathrm{m}}$ 为月球平角速度；n 为轨道平角速度；Ω 为轨道升交点赤经；Ω_{m} 为月球轨道升交点赤经；i_{m} 为白道夹角；i 为轨道倾角。

在月球引力作用下，北斗卫星导航星座轨道升交点赤经同样存在西退现象，由月球引力引起的西退变化量与当前轨道升交点赤经如图 2-11 所示，在一年时间里，月球引力引起轨道面升交点赤经平均每年西退约 0.427°。

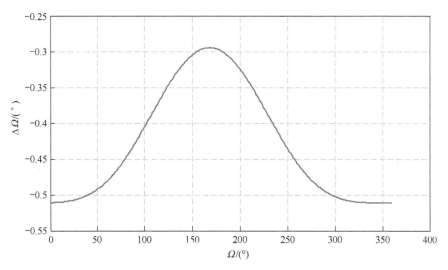

图 2-11　月球引力引起升交点赤经的变化（1 年）

综上分析，地球非球形引力摄动和三体引力对轨道升交点赤经摄动量统一归化到以（（°）/天）为单位，得到的升交点赤经平均长期项摄动方程可简化为

$$\dot{\Omega}_{\mathrm{e}} = -2.064\,74\times 10^{14} a^{-\frac{7}{2}}(1 - e^2)^{-2}\cos i$$

$$\dot{\Omega}_{\mathrm{s}} = -0.001\,54 Q^{-1}\cos i$$

$$\dot{\Omega}_{\mathrm{m}} = -0.003\,38 Q^{-1}\cos i$$

式中：Q 为每个平太阳日轨道圈次。因此，升交点赤经平均长期项摄动方程为

$$\dot{\Omega} = \dot{\Omega}_{\mathrm{e}} + \dot{\Omega}_{\mathrm{s}} + \dot{\Omega}_{\mathrm{m}}$$

根据北斗卫星导航星座轨道，平半长轴 a 为 27906 km；偏心率 e 为 0.0003；标称倾角 i 为 54°～56°，升交点赤经每日摄动量如表 2-2 所列。

每个平太阳日轨道圈次为

$$Q = 43200\left(\frac{n}{\pi}\right) = 1.86$$

表 2-2　北斗卫星轨道升交点赤经每日摄动量

摄　动　项	摄动量/((°)/天)		
	54°	55°	56°
J_2 项	−0.0334	−0.0326	−0.0318
太阳	−4.86×10⁻⁴	−4.74×10⁻⁴	−4.62×10⁻⁴
月球	−1.06×10⁻³	−1.04×10⁻³	−1.01×10⁻³
总摄动量	−0.0350	−0.0341	−0.0333

因此，北斗卫星导航星座轨道，其轨道面每天升交点西退约 0.034°，地球扁状 J_2 项引起轨道面升交点赤经每年西退 11.907°，太阳引力引起轨道面升交点赤经每年西退 0.173°，月球引力引起轨道面升交点赤经每年西退 0.427°，总计每年西退约 12.507°。

北斗卫星导航星座试验星 5 年内实际轨道升交点赤经摄动情况随时间的变化如图 2-12 所示，统计结果每天升交点赤经西退约 0.033°/天，与分析结果一致。

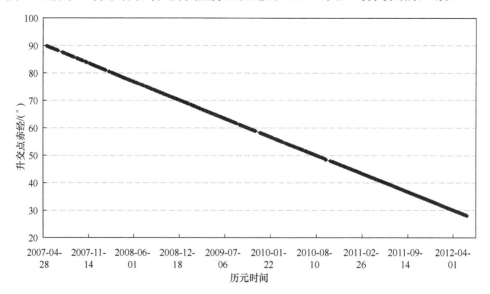

图 2-12　北斗卫星导航星座试验量 5 年内实际轨道升交点赤经摄动情况随时间的变化

按照北斗卫星导航星座 3 个轨道面部署，3 个轨道面升交点赤经 10 年演化情况，如图 2-13 所示，轨道面不同（升交点间隔 120°）升交点赤经演化略有不同，如图 2-14 所示，关于北斗卫星导航星座轨道面升交点赤经演化结论如下。

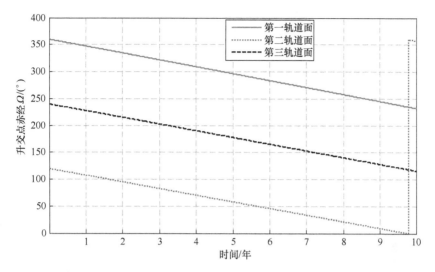

图 2-13　3 个轨道面卫星升交点赤经 10 年演化规律

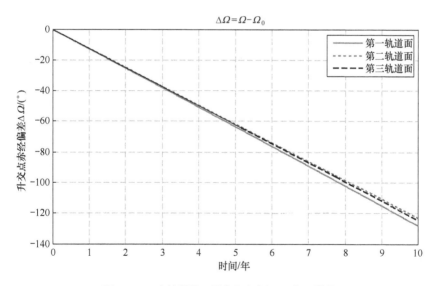

图 2-14　3 个轨道面卫星升交点赤经 10 年西退量

（1）卫星升交点赤经摄动运动主要表现为向西漂移的长期摄动（因为倾角小于 90°），其轨道面每天升交点西退约 0.034°，每年西退约 12.4°。

（2）不同轨道面卫星升交点赤经的西退量略有不同，10 年内 3 个轨道面卫星升交点赤经的西退量分别为 127.90°、122.73° 和 124.31°。

图 2-15 表征 400km 左右（如美国星链星座）每日摄动漂移量，左边纵坐标表示轨道面升交点赤经每日西退（顺行轨道）或东进（逆行轨道）量，右边纵坐标表示

绝对相位角沿轨道面较前日前移量。如星链星座，高度 400km 左右，倾角 53° 左右，其构型表现为轨道面每日整体向西漂移 6°/天，星座内每颗卫星绝对相位角沿轨道面较前日前移约 5°/天，标称轨道情况下相对升交点赤经和相位角基本保持一致。

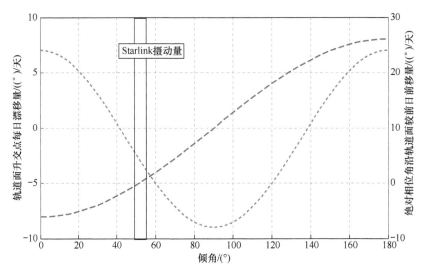

图 2-15 低轨星座（400km）升交点赤经每日摄动量

图 2-16 表征 1000km 左右（如中国鸿雁星座）每日摄动漂移量，左边纵坐标表示轨道面升交点赤经每日西退（顺行轨道）或东进（逆行轨道）量，右边纵坐标表示绝对相位角沿轨道面较前日前移量。如鸿雁星座，高度 1000km 左右，倾角 86° 左右，其构型表现为轨道面每日整体以极小漂移率向西退，星座内每颗卫星绝对相位角沿轨道面较前日后退约 5°/天，标称轨道情况下相对升交点赤经和相位角基本保持一致。

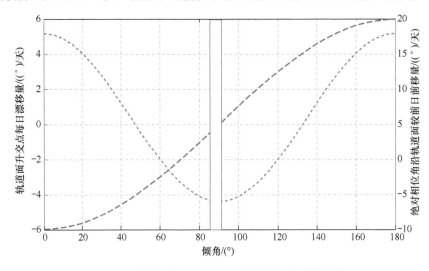

图 2-16 低轨星座（1000km）升交点赤经每日摄动量

2.5 轨道偏心率摄动

太阳辐射压力摄动引起偏心率运动是随太阳平赤经的椭圆运动，定义：轨道近地点在轨道面内指向 $\xi = e\cos(\omega)$，$\eta = e\sin(\omega)$，为偏心率矢量，太阳辐射压力摄动引起轨道拱线周期项摄动，由拉格朗日行星方程适当化简，得到太阳辐射压力偏心率矢量摄动演化方程如下：

$$
\begin{cases}
\dfrac{\mathrm{d}\xi}{\mathrm{d}t} = -\dfrac{3C_R}{2na}\left(\dfrac{S}{m}\right)\left[-\cos\beta_s\cos i\sin\Omega + \sin\beta_s\cos i_s\cos i\cos\Omega + \sin\beta_s\sin i_s\sin i\right] \\[3mm]
\dfrac{\mathrm{d}\eta}{\mathrm{d}t} = -\dfrac{3C_R}{2na}\left(\dfrac{S}{m}\right)\left[\cos\beta_s\cos\Omega + \sin\beta_s\cos i_s\sin\Omega\right]
\end{cases}
$$

式中：n 为轨道平角速度；Ω 为轨道升交点赤经；i_s 为黄赤夹角；β_s 为太阳赤纬；i 为轨道倾角；C_R 为太阳辐射压力系数。

偏心率矢量摄动椭圆中心与当前时刻偏心率矢量及太阳平赤经相关，椭圆长轴与春分点方向的夹角等于轨道倾角，其短半轴沿春分点方向，短半轴为 $R_e\cos i_s\cos i$，其长半轴与春分点垂直，长半轴为 $R_e\cos i$。R_e 称为偏心率自由摄动半径，其值为

$$
R_e = \frac{3}{2}\frac{1}{na}C_R\left(\frac{S}{m}\right)P_0 \cdot \frac{1}{n_s} \approx 0.01 \cdot C_R\left(\frac{S}{m}\right)
$$

式中：S 为卫星太阳帆板面积（m^2）；m 为卫星质量（kg）。

按照北斗卫星导航星座轨道和北斗导航卫星特征，面积质量比约为 0.05，若太阳辐射压力系数取 1.5，则偏心率自由摄动半径 R_e 约为 6.95×10^{-4}，仿真 10 年北斗导航卫星偏心率自由摄动演化情况如图 2-17 所示。

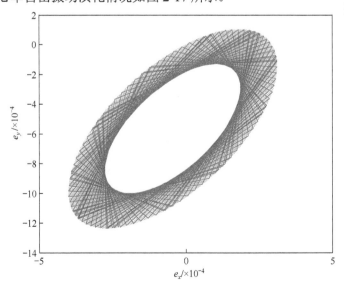

图 2-17　北斗导航卫星偏心率自由摄动演化情况

　　北斗卫星导航星座试验星，2007 年 4 月至 2012 年 4 月偏心率矢量摄动运动如图 2-18 所示，由实际轨道证明：偏心率在太阳辐射压力作用下，存在长周期摄动，摄动周期为 1 年，1 年内近地点在轨道面内运动一周。

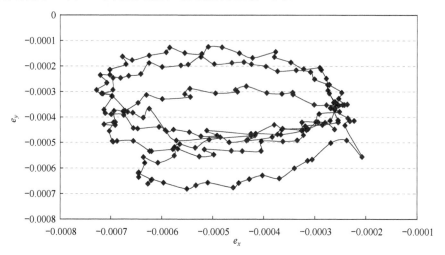

图 2-18　试验星 5 年内偏心率矢量摄动运动

　　按照北斗卫星导航星座三个轨道面部署，偏心率 10 年演化规律如图 2-19 所示，因为轨道面不同（升交点间隔 120°），三个轨道面偏心率摄动规律略有不同。关于北斗卫星导航星座偏心率演化结论如下。

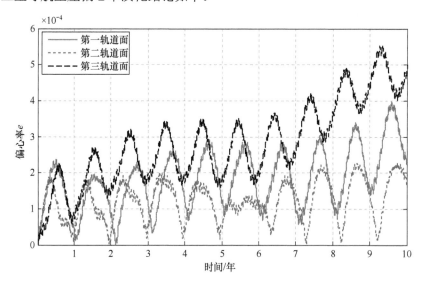

图 2-19　三个轨道面卫星偏心率 10 年演化规律

　　（1）北斗卫星导航星座卫星轨道偏心率摄动运动存在长周期摄动，摄动周期为一年，摄动幅值较小，在 10^{-4} 量级。

（2）同一轨道面轨道偏心率的变化情况基本一致，不同轨道面轨道偏心率的变化情况稍有不同，原因是偏心率摄动运动与轨道倾角和升交点赤经有关。

2.6 轨道相位摄动

北斗卫星导航星座中每颗卫星有严格的相位部署，相位表征卫星在星座中的位置。但相位角也存在摄动运动，其主要存在由地球非球形引力摄动和日月三体引力的长期项摄动，太阳辐射压力等摄动因素的影响可以忽略。

星座内卫星相位角从轨道面内升交点起算为

$$\theta = \omega + M(t) - nt$$

相应地，相位角摄动变化量定义为

$$\frac{\mathrm{d}\theta}{\mathrm{d}t} = \left(\frac{\mathrm{d}\omega}{\mathrm{d}t} + \frac{\mathrm{d}M}{\mathrm{d}t}\right) - n$$

式中：θ 为卫星轨道近地点幅角；M 为平近点角；n 为卫星平运动角速度；t 为卫星运动当前时间。

1. 地球非球形相位摄动

根据拉格朗日行星方程，圆轨道相位角在地球带谐项主项 J_2 的一阶长期项摄动方程简化为

$$\frac{\mathrm{d}\theta}{\mathrm{d}t} = \frac{3n}{8}\left(\frac{R_e^2}{a^2}\right)J_2(4\cos^2 i + 2(1 + 3\cos 2i))$$

式中：n 为卫星平运动角速度；J_2 为地球引力场 2 阶带谐项；R_e 为地球赤道半径；i 为轨道倾角。

按北斗卫星导航星座轨道，平半长轴 a 为 27906 km；倾角 i 为 55°；升交点赤经 Ω 分别为 0°、120°、240°。

卫星每圈相位角漂移量方程化简为

$$\Delta\theta = 360\frac{3}{8}\left(\frac{R_e^2}{a^2}\right)J_2(4\cos^2 i + 2(1 + 3\cos 2i))$$

地球非球形相位摄动如表 2-3 所列，北斗卫星导航星座卫星每天相位角漂移量约为 0.0179°，每年相位角漂移量约为 6.5445°。

表 2-3　地球非球形相位摄动

相位摄动量		
每　圈	每　天	每　年
0.0096°	0.0179°	6.5445°

2. 太阳引力相位摄动

由拉格朗日行星方程适当化简后，得到的太阳引力相位摄动方程如下：

$$\frac{\mathrm{d}\theta}{\mathrm{d}t} = -\left(\frac{n_\mathrm{s}^2}{32n}\right)\begin{pmatrix} 4 + 12\cos 2i + 18\cos 2(i - i_\mathrm{s}) + 12\cos 2i_\mathrm{s} + 18\cos 2(i + i_\mathrm{s}) - \\ 6\cos 2(i - \Omega) + 12\cos(2i - 2i_\mathrm{s} - \Omega) + 3\cos 2(i - i_\mathrm{s} - \Omega) - \\ 12\cos(2i + 2i_\mathrm{s} - \Omega) + 12\cos 2\Omega - 6\cos 2(i + \Omega) + \\ 12\cos(2i - 2i_\mathrm{s} + \Omega) + 3\cos 2(i - i_\mathrm{s} + \Omega) - \\ 6\cos 2(i_\mathrm{s} + \Omega) + 3\cos 2(i - \Omega) + \\ 12\cos(2i - 2i_\mathrm{s} - \Omega) + 3\cos 2(i - i_\mathrm{s} - \Omega) \end{pmatrix}$$

式中：n 为卫星平运动角速度；n_s 为太阳平运动角速度；i 为轨道倾角；i_s 为黄赤夹角；Ω 为升交点赤经。

按北斗卫星导航星座轨道，平半长轴 a 为 27906 km；倾角 i 为 55°；升交点赤经 Ω 分别为 0°、120°、240°。由太阳引力引起卫星每圈、每天和每年相位角摄动量分别如表 2-4 所列。

表 2-4　太阳引力相位摄动

轨道面赤经	相位摄动量		
	每圈/(°)	每天/(°)	每年/(°)
$\Omega = 0°$	-5.5037×10^{-4}	-0.0010	-0.3741
$\Omega = 120°$	7.2634×10^{-4}	0.0014	0.4937
$\Omega = 240°$	7.2675×10^{-4}	0.0014	0.4937

3. 月球引力相位摄动

由拉格朗日行星方程适当化简，得到的太阳引力相位摄动演化方程如下：

$$\frac{\mathrm{d}\theta}{\mathrm{d}t} = -4\left(\frac{n_\mathrm{m}^2}{n}\right)\left(-\frac{1}{2} + \frac{3}{2}\left(\frac{1}{64}\begin{pmatrix} 22 + 2\cos 2i + 3\cos 2(i - i_\mathrm{m}) \\ +2\cos 2i_\mathrm{m} + 3\cos 2(i + i_\mathrm{m}) \\ +8\cos 2(\Omega - \Omega_\mathrm{m})\sin^2(i)\sin^2(i_\mathrm{m}) \\ +8\cos(\Omega - \Omega_\mathrm{m})\sin 2i \sin 2i_\mathrm{m} \end{pmatrix} \right) \right) -$$

$$3\left(\frac{n_\mathrm{m}^2}{n}\right)\cot(i)\left(-\frac{1}{4}\begin{pmatrix} \cos i_\mathrm{m}\sin i \\ -\cos i\cos(\Omega - \Omega_\mathrm{m})\sin i_\mathrm{m}\begin{pmatrix} \cos i\cos i_\mathrm{m} \\ +\cos(\Omega - \Omega_\mathrm{m})\sin i\sin i_\mathrm{m} \end{pmatrix} \end{pmatrix} \right)$$

式中：n 为卫星平运动角速度；n_m 为太阳平运动角速度；i 为轨道倾角；i_m 为白道夹角；Ω 为升交点赤经；Ω_m 为白道升交点赤经。

按北斗卫星导航星座轨道：平半长轴 a 为 27906 km；倾角 i 为 55°；升交点赤经 Ω 分别为 0°、120°、240°。由月球引力引起卫星每圈、每天和每年相位角摄动量分别如表 2-5 所列。

表 2-5 月球引力相位摄动

轨道面赤经	相位摄动量		
	每圈/(°)	每天/(°)	每年/(°)
$\Omega = 0°$	-4.1276×10^{-4}	-7.6869×10^{-4}	-0.2806
$\Omega = 120°$	6.7383×10^{-4}	0.0013	0.4580
$\Omega = 240°$	7.9913×10^{-4}	0.0015	0.5432

综上分析,仅以地球非球形引力摄动和日月三体引力摄动平均长周期项进行解析建模。地球非球形引起近地点幅角和平近点角长期项平均摄动方程为

$$\begin{cases} \dot{\omega}_{e} = k_{e}(1-e^2)^{-2}a^{-\frac{7}{2}}(5\cos^2 i - 1) \\ \dot{M} = k_{e}a^{-\frac{7}{2}}(1-e^2)^{-\frac{3}{2}}(3\cos^2 i - 1) \end{cases}$$

式中:

$$k_{e} = 1.029549648\times10^{14}\ \mathrm{km}^{\frac{7}{2}}\big/天$$

由于北斗卫星星座标称轨道 $\dot{M}\approx0$,因此,在讨论摄动和变分方程时,仅考虑轨道近地点幅角长期项摄动。太阳和月球引力引起的轨道近地点幅角长期项平均摄动方程为

$$\begin{cases} \dot{\omega}_{s} = 0.00077(4-5\sin^2 i)Q^{-1} \\ \dot{\omega}_{m} = 0.00169(4-5\sin^2 i)Q^{-1} \end{cases}$$

上述公式中:a 为轨道半长轴;i 为轨道倾角;n 为轨道平角速度;Q 为每个平太阳日轨道圈次;$\dot{\omega}_{e}$、$\dot{\omega}_{s}$、$\dot{\omega}_{m}$ 分别为地球非球形引力、太阳和月球引力的轨道近地点幅角长期项摄动,单位为(°)/天。

按北斗卫星导航星座轨道,平半长轴 $a=27906\mathrm{km}$;偏心率 $e=0.0003$;标称倾角 $i=54°\sim56°$。每个平太阳日轨道圈次为

$$Q = 43200\left(\frac{n}{\pi}\right) = 1.86$$

因此,北斗卫星轨道近地点幅角每日摄动量如表 2-6 所列,具体变化如图 2-20 所示。

表 2-6 北斗卫星轨道近地点幅角长期项每日摄动量

摄动项	摄动量/((°)/天)		
	54°	55°	56°
地球非球形	0.021	0.018	0.016
太阳	3.0×10^{-4}	2.7×10^{-4}	2.3×10^{-4}
月球	6.6×10^{-4}	5.9×10^{-4}	5.1×10^{-4}
总摄动量	0.022	0.019	0.017

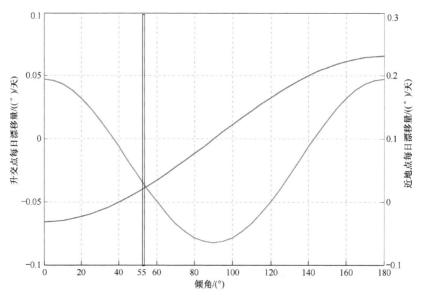

图 2-20　中高轨道近地点幅角日摄动量

4. 数值仿真结果分析

一般情况下，轨道相位角摄动主要由轨道半长轴长期项摄动决定，北斗卫星导航星座轨道半长轴不存在长期和长周期摄动项，轨道平均能量保持稳定不变。因此，对北斗卫星相位角摄动没有长期项摄动，但由地球非球形引力和三体引力引起长周期项摄动。

仿真一个星座的整体构型摄动，必须对星座初始轨道平均半长轴进行瞬时周期项补偿。也就是说，当北斗卫星星座轨道标称半长轴为 27906km 时，是指整网星座构型的平均半长轴设定为 27906km，进行精确数值仿真，需假设在某一同一历元时刻，按各自卫星所在的升交点幅角按下面公式补偿瞬时周期项，北斗卫星导航星座轨道半长轴瞬平量补偿如表 2-7 所列。

$$a = \bar{a} + \frac{3J_2 R_e^2}{2r} \sin^2 i \cdot \cos 2u(t)$$

表 2-7　北斗卫星导航星座轨道半长轴瞬平量补偿

轨　道　面	半长轴瞬平量	轨　道　面	半长轴瞬平量	轨　道　面	半长轴瞬平量补偿
第一轨道面	dA/m	第二轨道面	dA/m	第三轨道面	dA/m
$S(1, 1)$	4.7047	$S(2, 1)$	−21.4237	$S(3, 1)$	−34.3306
$S(1, 2)$	25.9481	$S(2, 2)$	−11.7508	$S(3, 2)$	3.0628
$S(1, 3)$	−17.6944	$S(2, 3)$	5.2879	$S(3, 3)$	26.5891
$S(1, 4)$	−39.7564	$S(2, 4)$	16.3774	$S(3, 4)$	3.1268
$S(1, 5)$	29.4031	$S(2, 5)$	8.2465	$S(3, 5)$	−17.0012
$S(1, 6)$	25.0275	$S(2, 6)$	15.4035	$S(3, 6)$	−9.1469
$S(1, 7)$	−12.8829	$S(2, 7)$	8.1521	$S(3, 7)$	25.8061
$S(1, 8)$	−14.7544	$S(2, 8)$	−20.2814	$S(3, 8)$	1.9159

相对相位角摄动定义为实际摄动相位角与二体模型相位角的偏差，即

$$\Delta\phi = \phi(t) - nt$$

将上述误差补偿到各卫星的初始轨道平根上，仿真 10 年星座运行数据，北斗卫星导航星座各轨道面相对相位角摄动预测结果如图 2-21～图 2-23 所示，可以看出，外推预测 10 年内星座整体相位摄动小于 0.005°。

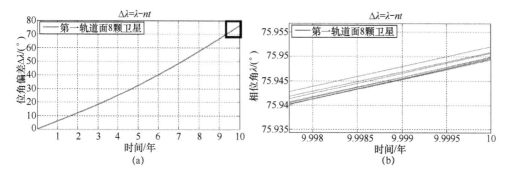

图 2-21　第一轨道面 10 年相位摄动预测

（a）第一轨道面相对相位摄动；（b）接近 10 年区间局部放大。

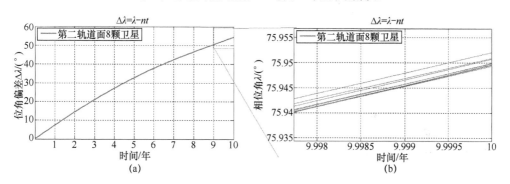

图 2-22　第二轨道面 10 年相位摄动预测

（a）第二轨道面相对相位摄动；（b）接近 10 年区间局部放大。

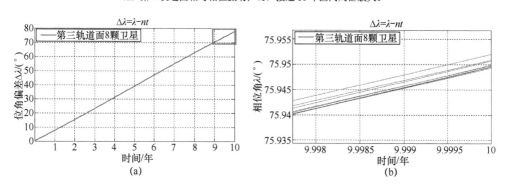

图 2-23　第三轨道面 10 年相位摄动预测

（a）第三轨道面相对相位摄动；（b）接近 10 年区间局部放大。

也就是说，只要轨道平半长轴捕获精度足够精确，星座整体相位摄动量将会非常小，但前提是星座轨道组网控制精度足够精确，第 3 章将讨论存在误差情况下星座整体相位摄动量积累，以及对星座整体稳定性的影响。

2.7　小结

本章开展了星座构型稳定性演化规律分析研究。掌握星座构型异化对导航性能的影响规律，是实现星座几何构型预先优化偏置、参数偏置摄动补偿和长期运行星座维持控制的基础。对于中高轨星座轨道，其摄动规律可总结概括如下。

（1）对于如北斗卫星导航星座的中高轨道卫星星座，影响卫星星座构型稳定性的主要因素是地球非球形引力摄动、日月三体引力摄动和太阳辐射压力摄动。

（2）北斗卫星导航星座轨道半长轴不存在长期和长周期摄动项，轨道平均能量保持稳定不变，存在由非球形摄动为主项周期为半个轨道周期的短周期项，摄动振幅约 1.5km。

（3）北斗卫星导航星座倾角摄动运动的长周期项表现为长期摄动，同一轨道面轨道倾角的变化情况基本一致，不同轨道面轨道倾角的变化趋势不同，10 年内三个轨道面轨道倾角变化量的最大值分别为$-1.76°$、$1.64°$和$-0.43°$。

（4）北斗卫星导航星座三个轨道面升交点赤经摄动运动主要表现为向西漂移的长期摄动，近似为线性；同一轨道面卫星升交点赤经的西退量基本一致，不同轨道面卫星升交点赤经的西退量略有不同，10 年内三个轨道面卫星升交点赤经的西退量分别为 127.90°、122.73° 和 124.31°。

（5）北斗卫星导航星座轨道偏心率摄动运动存在长周期摄动，摄动周期为一年，摄动幅值为 10^{-4} 量级；同一轨道面轨道偏心率的变化情况基本一致，不同轨道面轨道偏心率的变化情况稍有不同。

（6）按照北斗卫星导航星座标称轨道，星座整体相位摄动没有长期项演化情况。仿真 10 年星座运行数据，北斗卫星导航星座构型面相位漂移总体变化量在 0.005° 以内。只要轨道平半长轴捕获精度足够精确，星座整体相位摄动量将会非常小。

参考文献

[1]　周静, 杨慧, 王俐云. 中高轨道卫星离轨参数研究[J]. 航天器工程, 2013, 22(2): 11-16.

[2]　钱山, 李恒年, 伍升钢. MEO 非共振轨道导航星座摄动补偿控制[J]. 国防科技大学学报, 2014, 36(2): 53-60.

[3]　陈荔莹, 徐东宇, 赵振岩. 国外卫星星座自主运行技术发展综述[J]. 航天控制, 2008(2): 92-96.

[4] 计晓彤, 丁良辉, 钱良, 等. 全球覆盖低轨卫星星座优化设计研究[J]. 计算机仿真, 2017, 34(9): 64-69.

[5] 周姜滨, 叶松, 张华明. 考虑摄动影响的连续推力轨道修正制导方法研究[J]. 航天控制, 2018, 36(4): 19-22.

[6] 李恒年, 李济生, 焦文海. 全球星摄动运动及摄动补偿运控策略研究[J]. 宇航学报, 2010, 31(7): 1756-1761.

03 / 第 3 章
星座构型稳定理论

3.1 概述

本章讨论大型卫星星座构型的稳定性问题，一个系统的稳定性是指系统在初态扰动情况下，系统状态发展的一种度量表征。通俗地讲，若系统状态严重放大初态扰动，则称一个系统不稳定或稳定性不好；相反，系统状态对初态扰动不敏感，则称一个系统稳定或稳定性好。大型卫星星座构型稳定性就是分析轨道部署初态偏差和不同部署轨道面对星座整体几何构型的稳定性影响。讨论星座构型稳定性将回答两个关于星座部署和控制的重要问题：一是提出对特定星座构型部署误差量化约束需求；二是预估特定星座构型演化和维持控制需求。

构成稳定星座构型的前提是星座卫星轨道要素满足一定的精度要求，但轨道部署受测控系统能力和卫星推进系统精度约束，存在轨道捕获和发射部署的初态偏差。轨道要素偏差将导致星座构型相对摄动长期积累，从而导致星座整体构型发散。低轨星座构型稳定性就是分析轨道部署初态偏差和不同部署轨道面对星座整体几何构型的影响。

通常定义星座整体几何构型稳定性的两个主要指标是表征轨道面稳定性的相对轨道升交点赤经和表征轨道面内稳定性的相对相位。分析星座构型稳定性的目的：一是提出对星座构型部署误差量化约束；二是预估星座构型演化和维持控制需求，为未来低轨星座构型部署与维持运维控制提供输入和参考。

目前，关于星座构型摄动演化的研究成果主要建立在数值仿真和数据分析的基础上，前者，项军华、张育林等[1-2]利用轨道积分分析工具（如 STK）和自研分析工具分析了特定星座的几何构型发散规律和仿真计算结果；后者，潘科炎等[3-4]在铱星星座飞行轨道数据基础上，总结了中低轨星座的摄动发散规律。殷建丰、张洪华等[5-6]研究了基于 J_2 低轨相对运动方程以及相关轨道避撞等保持策略问题；张刚[7]为了研究脉冲控制量对轨道根数的长期传播问题，研究了脉冲控制量对轨道要素的二阶变分方程；陈雨、杜耀珂等[8-9]研究了基于地球引力 J_2 摄动的星座相对轨道优化控制策略。胡松杰、李恒年等[10-11]在研究中高轨星座（北斗卫星导航系统）时建立了星间相位仅地球 J_2 项摄动变分方程，据此，设计了基于参考轨道的中高轨

Walker 星座相对相位保持策略。综上,现有工作未能完整建立解析星座构型的摄动变分方程,也未能从星座部署初态实际误差分布函数出发,量化误差函数的时间传递关系,以及低轨星座整体结构稳定性。

本章通过建立低轨星座构型考虑地球非球形带谐项和日月引力摄动的构型演化变分方程,量化分析其稳定性。首先,建立表征轨道面稳定的相对轨道升交点赤经,以及表征轨道面内稳定的相位角摄动方程和变分方程,给出考虑地球非球形带谐项和日月引力摄动的解析模型,计算验证了变分方程系数的正确性;其次,基于该变分方程对低轨星座构型摄动稳定性进行定量分析,从星座部署初态实际误差分布函数变分传播过程出发,量化分析低轨星座的整体构型稳定性,给出轨道捕获和轨道发射的偏差约束和低轨星座的构型稳定性基本结论。

本章关注的是实际星座构型部署受测控系统能力和卫星系统精度约束,存在轨道捕获和发射部署的初态偏差,在这些轨道偏差实际情况下,研究星座构型相对发散运动的长期积累过程。为此,需要建立星座构型对偏差分布函数的变分方程。

3.2 星座构型稳定性表征

构成稳定星座构型的前提是星座卫星轨道半长轴相等,但轨道部署受测控系统能力和卫星系统控制精度约束,存在轨道部署初态偏差,同样,轨道圆化控制偏差也导致轨道存在扁率差别。如图 3-1 所示,以北斗卫星导航星座为例,轨道半长轴捕获偏差将导致轨道升交点赤经和相位角每日摄动量的变化,其中,横坐标为轨道半

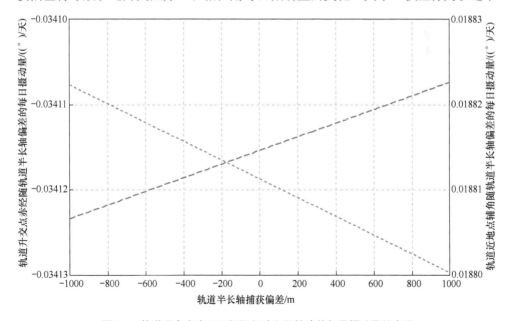

图 3-1　轨道升交点赤经和相位角随半长轴偏差每日摄动量的变化

长轴捕获偏差，左纵坐标表示轨道升交点赤经随轨道半长轴偏差的每日摄动量，右纵坐标表示轨道近地点幅角随轨道半长轴偏差的每日摄动量。同样，如图 3-2 所示，轨道偏心率捕获偏差将导致轨道升交点赤经和相位角每日摄动量的变化，左纵轴表示升交点赤经摄动量，右纵轴表示轨道近地点幅角摄动量。

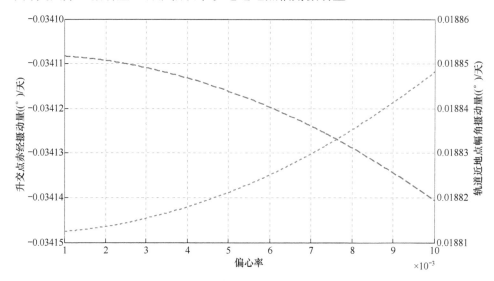

图 3-2   轨道升交点赤经和相位角随偏心率偏差每日摄动量的变化

同时，星座构型分布要求卫星分布于不同的轨道面，星座构型面初态存在升交点赤经分布偏差，同时由于火箭入轨误差的影响，星座构型存在倾角偏离标称倾角的偏差。以北斗卫星导航星座为例，如图 3-3 所示，卫星轨道升交点射入偏差将导致轨道升交点赤经和相位角每日摄动量的变化，左纵轴表示升交点赤经摄动量，右纵轴表示轨道近地点幅角摄动量；同样，北斗卫星轨道倾角摄入偏差将导致轨道升交点赤经和相位角每日摄动量的变化如图 3-4 所示，左纵轴表示升交点赤经摄动量，右纵轴表示轨道近地点幅角摄动量。

星座构型相对摄动差的长期积累是导致异轨道面构型约束条件发散的主要原因。同样地，对于同轨道面卫星，即使升交点指向完全相同，若存在倾角偏差，也会引起轨道升交点赤经和相对相位角偏差不断积累，进而导致星座构型发散。因此，定义星座整体几何构型稳定性的三个主要度量指标是表征同轨道面内稳定的相对倾角变化率 $\Delta \dot{i}$、表征轨道面内稳定的相对相位角差变化率 $\Delta \dot{\theta}$，以及表征星座构型稳定性的相对轨道升交点差变化率 $\Delta \dot{\Omega}$。

北斗卫星导航星座轨道半长轴均无长周期和长期摄动，全球卫星 MEO3 和 MEO4，其组网捕获平均半长轴分别为 27905414.6m 和 27905644.2m，平半长轴相差 229.7m。表 3-1 为北斗卫星导航星座 MEO3 与 MEO4 卫星轨道 3 个月相对运动统计表，统计内容包括相对倾角、相对升交点赤经和相对相位角。

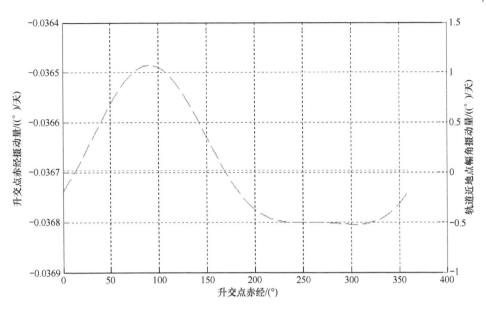

图 3-3 轨道升交点赤经和相位角随轨道面赤经每日摄动量的变化

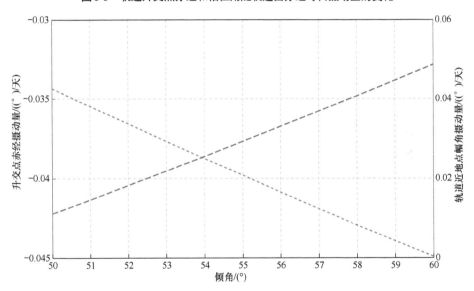

图 3-4 轨道升交点赤经和相位角随倾角每日摄动量的变化

表 3-1 北斗卫星导航星座 MEO3 与 MEO4 卫星轨道 3 个月相对运动统计表

历 元	$\Delta i/(°)$	$\Delta \Omega/(°)$	$\Delta u/(°)$
2012-05-18 8:00:00	0.0366	0.4662	46.2789
2012-05-28 8:00:00	0.0703	0.4572	46.1871
2012-06-08 8:00:00	0.0699	0.4577	46.1047
2012-06-18 8:00:00	0.0675	0.4586	46.0302

历　元	$\Delta i/(°)$	$\Delta\Omega/(°)$	$\Delta u/(°)$
2012-06-28 8:00:00	0.0673	0.4562	45.9596
2012-07-08 8:00:00	0.0700	0.4564	45.8837
2012-07-18 8:00:00	0.0701	0.4600	45.8084
2012-07-28 8:00:00	0.0652	0.4589	45.7059
2012-08-03 8:00:00	0.0687	0.4585	45.6711

　　如表 3-1 所列，北斗卫星导航星座 MEO3 和 MEO4 的倾角、升交点赤经偏差大小基本保持不变，说明这两颗位于同一轨道面的卫星，轨道倾角和升交点赤经漂移运动基本一致。根据本章后续分析可知，初始倾角偏差和半长轴偏差会引起升交点赤经漂移，但由于上述两颗卫星之间初始倾角差只有 0.07°，由其引起的升交点赤经相对漂移率为 0.02°/年，在上述数据中无法体现。

　　北斗卫星导航星座 MEO3 与 MEO4 之间的相位差逐渐减小，且与时间基本呈线性关系，受初始倾角偏差和半长轴偏差的作用，两星相位角相对漂移量理论变化率为−0.0085°/天，与实测相对相位变化率−0.0074°/天基本一致。考虑定轨误差，可认为是两星之间相对相位漂移主要由初始轨道参数偏差引起，而由主要摄动因素引起的两星相位角漂移运动基本一致。

　　本章将对大型卫星星座构型的三项指标进行摄动建模，逐项分析摄动影响下星座构型稳定性变化规律和轨道参数偏差对星座构型稳定性的影响规律，为后续设计星座构型维持指标与最优化控制算法提供理论依据。

3.3　星座相对赤经稳定性

3.3.1　赤经长期摄动建模

　　表征轨道面稳定性的升交点赤经主要存在地球非球形引力摄动、日月三体引力引起的长期项摄动：

$$\dot{\Omega} = \dot{\Omega}_e + \dot{\Omega}_s + \dot{\Omega}_m$$

式中：$\dot{\Omega}_e$、$\dot{\Omega}_s$、$\dot{\Omega}_m$ 分别为地球非球形 J_2 项、太阳和月球引力对轨道升交点赤经的长期项摄动（单位 rad/s），仅考虑长期项，有

$$\dot{\Omega}_e = -\frac{3}{2}J_2\sqrt{\frac{\mu}{R_e^3}}\left(\frac{R_e}{a}\right)^{\frac{7}{2}}(1-e^2)^{-2}\cos i$$

$$\dot{\Omega}_s = \frac{3}{8}\frac{n_s^2}{n}\begin{bmatrix}\cos i(1-3\cos^2 i_s)+\\\left(\dfrac{\cos 2i}{\sin i}\right)\sin 2i_s\cos(\Omega-\Omega_s)+\\\cos i\sin^2 i_s\cos 2(\Omega-\Omega_s)\end{bmatrix}$$

$$\dot{\Omega}_m = \left(\frac{1}{82.3}\right)\frac{3}{8}\frac{n_m^2}{n}\left[\begin{array}{l} \cos i(1-3\cos^2 i_m)+\left(\dfrac{\cos 2i}{\sin i}\right)\sin 2i_m \cos(\Omega - \Omega_m)+ \\ \cos i \sin^2 i_m \cos 2(\Omega - \Omega_m)\end{array}\right]$$

式中：J_2 为地球非球形项，$J_2 = 1.08263 \times 10^{-3}$；$\mu$ 为地球引力常数，$\mu = 3.986005 \times 10^5 (\mathrm{km^3/s^2})$；$R_e$ 为地球赤道半径，$R_e = 6378.140\mathrm{km}$；$n_s$、$n_m$ 分别为太阳视运动和月球轨道角速度：

$$n_s = 0.9856((°)/天), n_m = 1.4324((°)/天)；$$

i_s、i_m 分别为黄道和白道与赤道的平均夹角，$i_s \approx 23.4°$，$i_m \approx 23.45°$。

同时，归化到以（°）/天为单位，升交点赤经平均长期项和长周期项摄动方程可简化为

$$\dot{\Omega}_e = -2.06474 \times 10^{14} a^{-\frac{7}{2}}(1-e^2)^{-2}\cos i$$

$$\dot{\Omega}_s = 0.3696n^{-1}\left[\begin{array}{l} -1.5268\cos i + 0.7290\cos(\Omega - \Omega_s)\left(\dfrac{\cos 2i}{\sin i}\right)+ \\ 0.1577\cos 2(\Omega - \Omega_s)\cos i\end{array}\right]$$

$$\dot{\Omega}_m = 0.0045n^{-1}\left[\begin{array}{l} -1.524\cos i + 0.7301\cos(\Omega - \Omega_m)\left(\dfrac{\cos 2i}{\sin i}\right)+ \\ 0.1577\cos 2(\Omega - \Omega_m)\cos i\end{array}\right]$$

式中：a 为卫星星座轨道半长轴；e 为卫星星座轨道偏心率；i 为卫星星座轨道倾角；n 为卫星轨道平角速度；Ω_s 为太阳平赤经；Ω_m 为月球平赤经。

例如北斗卫星导航星座轨道，平半长轴 a 为 27906km；偏心率 e 为 0.0003；标称倾角 i 为 54°～56°。表 3-2 列出了北斗卫星导航星座轨道升交点赤经每日摄动量。

表 3-2 北斗卫星导航星座轨道升交点赤经每日摄动量

摄 动 项	摄动量/((°)/天)		
	54°	55°	56°
J_2 项	−0.0334	−0.0326	−0.0318
太阳	-4.86×10^{-4}	-4.74×10^{-4}	-4.62×10^{-4}
月球	-1.06×10^{-3}	-1.04×10^{-3}	-1.01×10^{-3}
总摄动量	−0.0350	−0.0341	−0.0333

3.3.2 相对赤经演化建模

本节建立卫星星座轨道升交点赤经对偏差分布函数的演化变分方程，表征由卫星星座构型射入误差和捕获偏差，导致星座构型轨道面相对赤经摄动差的长期积

累,是星座构型约束条件发散的主要原因。引起表征星座构型稳定性的相对轨道升交点差变化率 $\Delta\dot{\Omega}$,其满足的初始偏差传播方程为升交点赤经摄动变分方程。

$$\Delta\dot{\Omega} = \begin{pmatrix} \dfrac{\partial\dot{\Omega}}{\partial a} & \dfrac{\partial\dot{\Omega}}{\partial e} & \dfrac{\partial\dot{\Omega}}{\partial\Omega} & \dfrac{\partial\dot{\Omega}}{\partial i} \end{pmatrix} \begin{pmatrix} \Delta a \\ \Delta e \\ \Delta\Omega \\ \Delta i \end{pmatrix}$$

地球非球形引力摄动分别对轨道半长轴、偏心率、升交点赤经和倾角求偏微分:

$$\frac{\partial\dot{\Omega}_{\mathrm{e}}}{\partial a} = \frac{7}{2}\left(\frac{\dot{\Omega}_{\mathrm{e}}}{a}\right)$$

$$\frac{\partial\dot{\Omega}_{\mathrm{e}}}{\partial e} = 4\dot{\Omega}_{\mathrm{e}}\left(\frac{e}{1-e^2}\right)$$

$$\frac{\partial\dot{\Omega}_{\mathrm{e}}}{\partial\Omega} = 0$$

$$\frac{\partial\dot{\Omega}_{\mathrm{e}}}{\partial i} = -\dot{\Omega}_{\mathrm{e}}\left(\frac{\sin i}{\cos i}\right)$$

日月三体引力平均摄动项仅与轨道半长轴和倾角相关,因此分别对轨道半长轴和倾角求偏微分:

$$\frac{\partial\dot{\Omega}_{\mathrm{s}}}{\partial a} = 20626.48\left(\frac{\dot{\Omega}_{\mathrm{s}}}{Q}\right)\left(\frac{n}{a}\right)$$

$$\frac{\partial\dot{\Omega}_{\mathrm{m}}}{\partial a} = 20626.48\left(\frac{\dot{\Omega}_{\mathrm{m}}}{Q}\right)\left(\frac{n}{a}\right)$$

$$\frac{\partial\dot{\Omega}_{\mathrm{s}}}{\partial i} = \dot{\Omega}_{\mathrm{s}}\left(\frac{\sin i}{\cos i}\right)$$

$$\frac{\partial\dot{\Omega}_{\mathrm{m}}}{\partial i} = \dot{\Omega}_{\mathrm{m}}\left(\frac{\sin i}{\cos i}\right)$$

式中: $Q = \dfrac{n}{360}$, Q 为 1 个平太阳日轨道圈数,如北斗卫星导航星座轨道 $Q=1.95$,日月三体引力长周期摄动项与轨道升交点赤经相关,因此分别对轨道升交点赤经求偏微分:

$$\frac{\partial\dot{\Omega}_{\mathrm{s}}}{\partial\Omega} = 0.3696n^{-1}\begin{bmatrix} -0.7290\sin(\Omega-\Omega_{\mathrm{s}})\left(\dfrac{\cos 2i}{\sin i}\right) \\ -0.3154\sin 2(\Omega-\Omega_{\mathrm{s}})\cos i \end{bmatrix}$$

$$\frac{\partial\dot{\Omega}_{\mathrm{m}}}{\partial\Omega} = 0.0045n^{-1}\begin{bmatrix} -0.7301\sin(\Omega-\Omega_{\mathrm{m}})\left(\dfrac{\cos 2i}{\sin i}\right) \\ -0.3154\sin 2(\Omega-\Omega_{\mathrm{m}})\cos i \end{bmatrix}$$

3.3.3　中高轨星座赤经稳定性

以北斗卫星导航星座为例,在北斗卫星导航星座轨道中,半长轴 a 为 27906km;偏心率 e 为 0.0003;标称倾角 i 为 54°～56°。轨道升交点赤经变分方程系数如表 3-3 所列。

表 3-3　升交点赤经变分方程系数

摄动项	半长轴/((°)·天$^{-1}$·km^{-1})	偏心率	升交点赤经/((°)·天$^{-1}$·rad^{-1})	倾角/((°)·天$^{-1}$·rad^{-1})
J_2 项	-4.1×10^{-6}	-3.9×10^{-5}	0.0	4.7×10^{-2}
太阳	2.54×10^{-8}	0.0	1.58×10^{-4}	-6.77×10^{-4}
月球	5.59×10^{-8}	0.0	4.83×10^{-5}	-1.49×10^{-3}

表 3-4 列出考虑轨道组网部署受测控系统能力和卫星系统控制精度约束,存在轨道部署初态偏差,同样,轨道圆化控制偏差也导致轨道存在偏心率偏差。

表 3-4　星座组网轨道偏差分布

轨道要素	1σ
半长轴 a/m	10
偏心率 e	0.0001
轨道倾角 i/(°)	0.5
升交点赤经 Ω/(°)	1.0

定义初始轨道偏差为零均值白噪声,如下:

轨道半长轴捕获偏差为零均值白噪声: $\Delta a \sim N(0, \sigma_a)$。

轨道偏心率捕获偏差为零均值白噪声: $\Delta e \sim N(0, \sigma_e)$。

火箭射入误差引入的升交点赤经分布偏差为零均值白噪声: $\Delta\Omega \sim N(0, \sigma_\Omega)$。

火箭射入误差引入的轨道倾角分布偏差为零均值白噪声: $\Delta i \sim N(0, \sigma_i)$。

星座组网轨道偏差分布图如图 3-5 所示,其中:图 3-5(a)表征星座组网控制过程轨道捕获误差,横坐标为轨道半长轴捕获误差分布,纵坐标为轨道偏心率捕获误差分布;图 3-5(b)表征星座发射火箭射入误差,横坐标为火箭射入误差引入的升交点赤经分布偏差,纵坐标为火箭射入误差引入的轨道倾角分布偏差。

分析星座相对赤经演化方程,图 3-6～图 3-8 给出了星座轨道面相对赤经 10 年演化过程,其中,横坐标为时间,以年为单位;纵坐标为星座相对赤经分布区间(蓝色),以及 1 倍方差上下界(红色)和 3 倍方差上下界(黑色)分布统计。基本概括如下。

从升交点赤经摄动相对漂移方程分析:升交点赤经摄动相对漂移对半长轴、偏心率、升交点赤经和倾角存在偏差并不敏感,也就是说同一轨道面 8 颗卫星,即便存在升交点赤经和倾角的射入误差,同时存在半长轴、偏心率的捕获误差,同一轨道面 8 颗卫星几乎保持一致的升交点赤经西退速度,如图 3-6～图 3-8 所示,如果我们给定初始部署升交点偏差满足零均值 1° 方差的射入分布偏差,3 个轨道面经过 10 年演化，升交点偏差仍然几乎满足零均值 1° 方差的射入分布偏差，即便半长轴存在 10～50m 的捕获偏差。

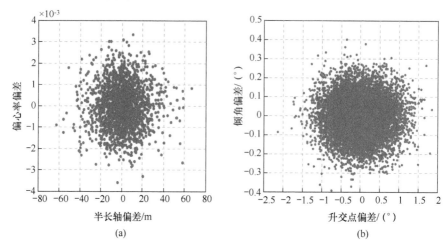

图 3-5　星座组网轨道偏差分布图

（a）捕获误差；（b）射入误差。

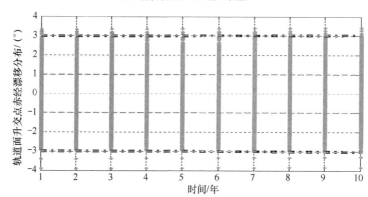

图 3-6　第一轨道面升交点赤经漂移演化分布图（彩图见书末）

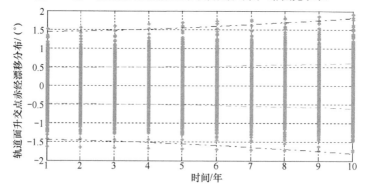

图 3-7　第二轨道面升交点赤经漂移演化分布图（彩图见书末）

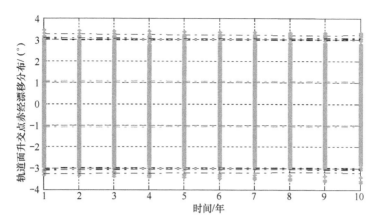

图 3-8   第三轨道面升交点赤经漂移演化分布图（彩图见书末）

通过上面的分析，我们有一个重要结论（也是有益于发射和部署中高轨星座的一个结论）：采用共面发射仍然是保持轨道面稳定的最有效手段，但多次分阶段部署完全共轨道面对于发射系统要求过于苛刻，好在中高轨星座的轨道面基本稳定，在较为宽松的发射精度约束下（如容许轨道倾角 0.5° 和升交点赤经 1.0°），北斗卫星导航星座同一轨道面内卫星轨道升交点赤经基本保持稳定。

3.3.4　低轨星座赤经稳定性

以 SpaceX 星链为典型的低轨卫星星座，按低轨星座卫星标称轨道，轨道高度为 400～1000km；偏心率 e 为 0.0003；标称倾角 i 为 0°～180°。对低轨星座卫星轨道面升交点相对赤经演化进行分析，表 3-5 分别列出了半长轴和偏心率轨道捕获误差传播系数，以及轨道面赤经和倾角发射误差传播系数。

表 3-5   升交点赤经变分方程系数

(轨道高度/倾角)/(km/(°))	半长轴/((°)·天⁻¹·km⁻¹)	偏 心 率	赤经/((°)·天⁻¹·km⁻¹)	倾角/((°)·天⁻¹·km⁻¹)
400/53	0.0025	−0.00582	0.0	0.11225
1000/86	0.0002	−0.0005	0.0	0.10419

表 3-5 中数据分析如下：

（1）对 400km/53° Walker 星座，半长轴每千米偏差引起升交点赤经差每日累计约 0.0025°，倾角每 1° 偏差引起升交点赤经差每日累计约 0.11；对 1000km/86° Walker 星座，半长轴每千米偏差引起升交点赤经差每日累计约 0.0002°，倾角每 1° 偏差引起升交点赤经差每日累计约 0.1°。

（2）对 1000km 高度低轨星座，假设标称设计轨道半长轴约为 7378km，偏心率为 0.0003，倾角为 86°。轨道面升交点赤经随时间的演化分布如图 3-10 所示，即在现有发射部署和工程测定轨极限条件下，150 天左右轨道面升交点赤经偏差将可能发散到 ±0.1°，30 天左右 97%（3σ）的可能性将超过 ±0.1°，即若要维持星座构型面升交点赤经±0.1°，星座内任意卫星将在30天内需要轨道面修正维持控制。

在现有发射部署和工程测定轨条件下，低轨星座构型射入误差和捕获偏差可以分别假设为如表3-6所列的数据，其中，半长轴、偏心率和初始相位偏差是地面测运控系统的测量和轨道捕获精度指标，轨道倾角是发射火箭射向偏差的反映，升交点赤经由发射窗口时间偏差引起。

表3-6　低轨星座构型射入误差和捕获偏差

轨道捕获和发射偏差	分 布 函 数
半长轴 a/m	$N(0,0.35)$
偏心率 e	$N(0,0.00001)$
轨道倾角 i/(°)	$N(0,0.01°)$
升交点赤经 Ω/(°)	$N(0,0.03°)$
初始相位 θ/(°)	$N(0,0.03°)$

星座初始轨道偏差分布如图3-9所示，图3-9（a）为半长轴/偏心率捕获误差分布，图3-9（b）为轨道面赤经/倾角入轨误差分布。基于变分方程对低轨星座构型摄动稳定性进行了定量分析，从星座部署初态实际误差分布出发，量化分析低轨卫星星座稳定性。

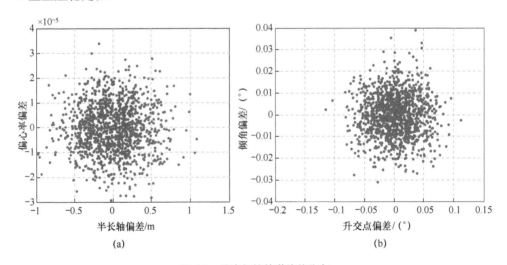

(a)　(b)

图3-9　星座初始轨道偏差分布

（a）半长轴/偏心率捕获误差分布；（b）轨道面赤经/倾角入轨误差分布。

对于400km高度的低轨星座，假设标称设计轨道半长轴约为6778km，偏心率为0.0003，倾角为53°，轨道面升交点赤经随时间的演化分布如图3-10所示。其中，横坐标为时间，以天为单位；纵坐标为星座相对赤经演化分布区间（蓝色），以及1倍方差上下界（红色）和3倍方差上下界（黑色）分布统计。

在现有发射部署和工程测定轨工程条件下，400km高度的低轨星座，轨道面相对升交点赤经偏差 15 天左右可能发散到±0.1°（3σ），30 天左右将超过±0.1°。因此，要维持轨道面相对升交点赤经±0.1°偏差的稳定性，星座内任意卫星将在 30 天内需要轨道面修正控制。

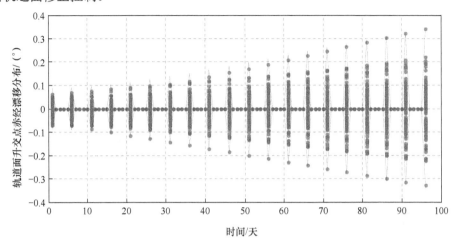

图 3-10　低轨星座（高度 400km）相对赤经演化（彩图见书末）

对于 1000km 高度的低轨星座，假设标称设计轨道半长轴约为 7378km，偏心率为 0.0003，倾角为 86°，轨道面相位随时间的演化分布如图 3-11 所示。其中，横坐标为时间，以天为单位；纵坐标为星座相对赤经演化分布区间（蓝色），以及 1 倍方差上下界（红色）和 3 倍方差上下界（黑色）分布统计。

在现有发射部署和工程测定轨工程条件下，1000km 高度的低轨星座，轨道面相对升交点赤经偏差 20 天左右可能发散到±0.1°（3σ），30 天左右将超过±0.1°。因此，要维持轨道面相对升交点赤经±0.1°偏差的稳定性，1000km 高度低轨星座内任意卫星将在 30 天内需要相位修正控制。

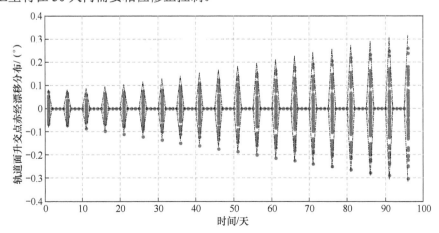

图 3-11　低轨星座（高度 1000km）相对赤经演化（彩图见书末）

3.4 星座相对倾角稳定性

3.4.1 倾角长期摄动建模

轨道倾角摄动运动主要存在由日月三体引力引起的长期项摄动,太阳辐射压力等摄动因素的影响可以忽略。由拉格朗日行星方程,仅考虑长周期项摄动方程为

$$\frac{\mathrm{d}i}{\mathrm{d}t}\bigg|_{\mathrm{s}} = \frac{3}{8}\frac{n_{\mathrm{s}}^2}{n}(\cos i \sin 2i_{\mathrm{s}} \sin(\Omega - \Omega_{\mathrm{s}}) + \sin i \sin^2 i_{\mathrm{s}} \sin 2(\Omega - \Omega_{\mathrm{s}}))$$

$$\frac{\mathrm{d}i}{\mathrm{d}t}\bigg|_{\mathrm{m}} = \frac{3}{658.4}\frac{n_{\mathrm{m}}^2}{n}(\cos i \sin 2i_{\mathrm{m}} \sin(\Omega - \Omega_{\mathrm{m}}) + \sin i \sin^2 i_{\mathrm{m}} \sin 2(\Omega - \Omega_{\mathrm{m}}))$$

式中:i 为轨道倾角;n 为轨道平角速度;n_{s}、n_{m} 分别为太阳视运动和月球轨道角速度;i_{s}、i_{m} 分别为黄道和白道与赤道的夹角;Ω_{s}、Ω_{m} 分别为黄道和白道升交点赤经。为简化表达式,取:

$$n_{\mathrm{s}} = 0.9856°/天, n_{\mathrm{m}} = 1.4324°/天$$

$$i_{\mathrm{s}} \cong 23.4°, i_{\mathrm{m}} \cong 23.45°$$

北斗卫星导航星座轨道:平均半长轴 a 为 27906km;偏心率 e 为 0.0003;标称倾角 i 为 54°~56°。由日月三体引力引起的倾角每日摄动量如图 3-12 所示。其中,横坐标为轨道面升交点赤经,左纵轴为太阳引力引起的倾角每日摄动量,右纵轴为月球引力引起的倾角每日摄动量。

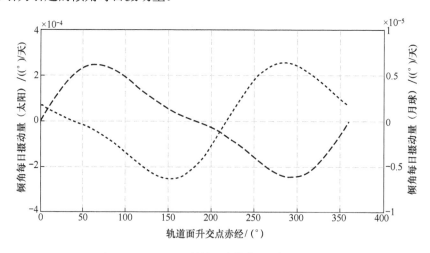

图 3-12 北斗卫星导航星座轨道倾角每日摄动量

轨道倾角由日月三体引力引起的长期摄动方程归化到 °/天为单位,可简化为

$$i_{\mathrm{s}} = 3.643 \times 10^{-2} n^{-1}(7.290 \cos i \sin(\Omega - \Omega_{\mathrm{s}}) + 1.577 \sin i \sin 2(\Omega - \Omega_{\mathrm{s}}))$$

$$i_{\mathrm{m}} = 9.3489 \times 10^{-4} n^{-1}(7.302 \cos i \sin(\Omega - \Omega_{\mathrm{m}}) + 1.584 \sin i \sin 2(\Omega - \Omega_{\mathrm{m}}))$$

3.4.2　相对倾角演化建模

本节建立卫星星座轨道倾角对偏差分布函数的演化变分方程,表征由卫星星座构型射入误差和捕获偏差,导致星座构型相对倾角长期积累发散过程,引起表征星座构型稳定性的相对轨道倾角差变化率 Δi ,其满足的初始偏差传播方程如下:

$$\Delta i = \begin{pmatrix} \dfrac{\partial i}{\partial a} & \dfrac{\partial i}{\partial \Omega} & \dfrac{\partial i}{\partial i} \end{pmatrix} \begin{pmatrix} \Delta a \\ \Delta \Omega \\ \Delta i \end{pmatrix}$$

式中:

$$\frac{\partial i}{\partial a} = \frac{\partial i_s}{\partial a} + \frac{\partial i_m}{\partial a} = \frac{3}{2}\left[\left(\frac{i_s}{n^2}\right)\cdot\left(\frac{n}{a}\right) + \left(\frac{i_m}{n^2}\right)\cdot\left(\frac{n}{a}\right)\right]$$

$$\frac{\partial i}{\partial \Omega} = \frac{\partial i_s}{\partial \Omega} + \frac{\partial i_m}{\partial \Omega} = \begin{bmatrix} i_s'\left(\dfrac{\cos(\Omega-\Omega_s)}{\sin(\Omega-\Omega_s)}\right) + 2i_s''\left(\dfrac{\cos 2(\Omega-\Omega_s)}{\sin 2(\Omega-\Omega_s)}\right) + \\ i_m'\left(\dfrac{\cos(\Omega-\Omega_m)}{\sin(\Omega-\Omega_m)}\right) + 2i_m''\left(\dfrac{\cos 2(\Omega-\Omega_m)}{\sin 2(\Omega-\Omega_m)}\right) \end{bmatrix}$$

$$\frac{\partial i}{\partial i} = \frac{\partial i_s}{\partial i} + \frac{\partial i_m}{\partial i} = \left[i_s'\left(-\frac{\sin i}{\cos i}\right) + i_s''\left(\frac{\cos i}{\sin i}\right) + i_m'\left(-\frac{\sin i}{\cos i}\right) + i_m''\left(\frac{\cos i}{\sin i}\right)\right]$$

式中:

$$i_s' = 3.643\times10^{-2}n^{-1}(7.290\cos i\sin(\Omega-\Omega_s))$$

$$i_s'' = 3.643\times10^{-2}n^{-1}(1.577\sin i\sin 2(\Omega-\Omega_s))$$

$$i_m' = 9.3489\times10^{-4}n^{-1}(7.302\cos i\sin(\Omega-\Omega_m))$$

$$i_m'' = 9.3489\times10^{-4}n^{-1}(1.584\sin i\sin 2(\Omega-\Omega_m))$$

3.4.3　相对倾角稳定性

以北斗卫星导航星座标称轨道为例,平半长轴 a 为 27906km,偏心率 e 为 0.0003,倾角 i 为 55°。表 3-7 列出考虑轨道组网部署受测控系统能力和卫星系统控制精度约束,存在轨道部署初态偏差,同样,轨道圆化控制偏差也会导致轨道存在偏心率偏差。

表 3-7　星座组网轨道偏差分布

轨道要素	1σ
半场轴 a/m	10
偏心率 e	0.0001
轨道倾角 i/(°)	0.5
升交点赤经 Ω/(°)	1.0

定义初始轨道偏差为零均值白噪声如下：

轨道半长轴捕获偏差为零均值白噪声：$\Delta a \sim N(0, \sigma_a)$。

轨道偏心率捕获偏差为零均值白噪声：$\Delta e \sim N(0, \sigma_e)$。

火箭射入误差引入的升交点赤经分布偏差为零均值白噪声：$\Delta \Omega \sim N(0, \sigma_\Omega)$

火箭射入误差引入的轨道倾角分布偏差为零均值白噪声：$\Delta i \sim N(0, \sigma_i)$

星座组网轨道偏差分布如图 3-13 所示，其中：图 3-13（a）表征星座组网控制过程轨道捕获误差，横坐标为轨道半长轴捕获误差分布，纵坐标为轨道偏心率捕获误差分布；图 3-13（b）表征星座发射火箭射入误差，横坐标为火箭射入误差引入的升交点赤经分布偏差，纵坐标为火箭射入误差引入的轨道倾角分布偏差。

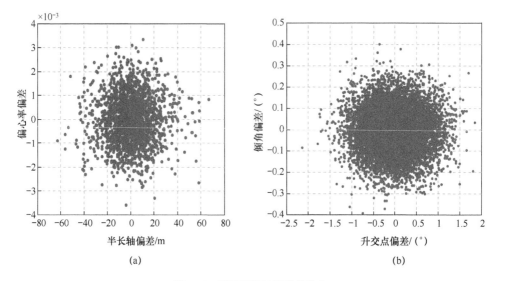

图 3-13 星座组网轨道偏差分布
(a) 捕获误差；(b) 射入误差。

分析星座相对倾角演化方程，图 3-14 给出了星座相对倾角 10 年演化过程，其中，横坐标为时间，以年为单位；纵坐标为星座相对倾角分布区间（蓝色），以及 1 倍方差上下界（红色）和 3 倍方差上下界（黑色）分布统计，基本概括如下。

（1）星座轨道倾角相对摄动对轨道半长轴、偏心率、升交点赤经和倾角存在偏差并不敏感，也就是说同一轨道面内的卫星，其轨道参数即便存在升交点赤经和倾角的射入误差，同时存在半长轴、偏心率的捕获误差，其轨道受太阳和月球引力摄动也几乎保持一致。

（2）如果我们给定初始部署升交点偏差满足零均值 1° 方差的射入分布偏差，3 个轨道面经过 10 年演化，轨道倾角偏差仍然几乎满足零均值 1° 方差的射入分布偏差，即便半长轴存在 10～50m 的捕获偏差，对轨道倾角摄动的影响也是微乎其微的。

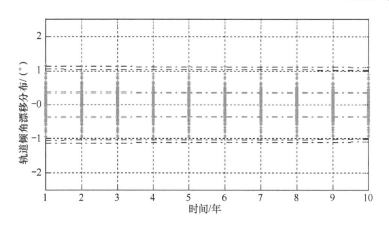

图 3-14 星座相对倾角 10 年演化过程（彩图见书末）

3.5 星座相对相位稳定性

3.5.1 相位长期摄动建模

星座内卫星相位角从轨道面内升交点起算为 $\theta = \omega + M(t)$ 。相应地，相位角摄动变化量定义为 $\dot{\theta} = \dot{\omega} + \dot{M}$ ，其中：ω 为卫星轨道近地点幅角；M 为平近点角。表征轨道面内稳定的相位角存在由地球非球形引力摄动、太阳和月球三体引力引起的长期项摄动，为避免引入和堆砌过于复杂的计算公式，仅以平均长周期项进行解析建模。

地球 J_2 项引起的近地点幅角和平近点角长期项摄动方程为

$$\dot{\omega}_e = k_e(1-e^2)^{-2}a^{-\frac{7}{2}}(5\cos^2 i - 1)$$

$$\dot{M} = k_e a^{-\frac{7}{2}}(1-e^2)^{-\frac{3}{2}}(3\cos^2 i - 1)$$

式中：

$$k_e = 1.029549648 \times 10^{14} \, \mathrm{km}^{\frac{7}{2}}\big/ 天$$

太阳和月球引力的长期项摄动方程为

$$\dot{\omega}_s = 0.00077(4 - 5\sin^2 i)Q^{-1}$$

$$\dot{\omega}_m = 0.00169(4 - 5\sin^2 i)Q^{-1}$$

式中：i 为轨道倾角；Q 为每个平太阳日轨道圈次；$\dot{\omega}_e$ ，$\dot{\omega}_s$ ，$\dot{\omega}_m$ 分别为地球 J_2、太阳和月球引力的轨道近地点幅角长期项摄动（单位（°）/天）。卫星相位角长期项摄动方程为

$$\dot{\theta} = \dot{\omega} + \dot{M} = \dot{\omega}_e + \dot{\omega}_s + \dot{\omega}_m + \dot{M}$$

1. 北斗卫星导航星座标称轨道

以北斗卫星导航星座轨道为例：平半长轴 a 为 27 906km；偏心率 e 为 0.0003；标称倾角 i 为 55°。表 3-8 列出了北斗卫星导航星座标称轨道近地点幅角长期项每日摄动量。

表 3-8   轨道近地点幅角长期项每日摄动量

摄 动 项	摄动量/((°)/天)		
	54°	55°	56°
J_2	0.021	0.018	0.016
太阳	$3.0×10^{-4}$	$2.7×10^{-4}$	$2.3×10^{-4}$
月球	$6.6×10^{-4}$	$5.9×10^{-4}$	$5.1×10^{-4}$
总摄动量	0.022	0.019	0.017

2. 低轨星座（400km）

图 3-15 表征 400km 左右星座（如星链）轨道相位每日摄动量，横坐标为星座轨道倾角，左纵坐标表示轨道面升交点赤经每日西退（顺行轨道）或东进（逆行轨道）量，右纵坐标表示绝对相位角沿轨道面较前日前移量。如星链星座，高度 400km 左右，倾角 53° 左右，其构型表现为轨道面每日整体向西漂移 6° /天，星座内每颗卫星绝对相位角沿轨道面较前日前移约 5° /天，标称轨道情况下相对升交点赤经和相位角基本保持一致。

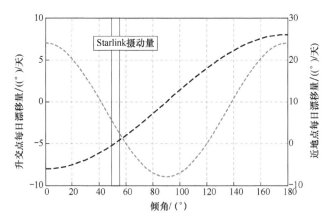

图 3-15   低轨星座（高度 400km）相位每日摄动量

3. 低轨星座（1000km）

图 3-16 表征 1000km 左右星座（如鸿雁星座）轨道相位每日摄动量，横坐标为星座轨道倾角，左纵坐标表示轨道面升交点赤经每日西退（顺行轨道）或东进（逆行轨道）量，右纵坐标表示绝对相位角沿轨道面较前日前移量。如鸿雁星座，高度 1000km 左右，倾角 86° 左右，其构型表现为轨道面每日整体以极小漂移率向西退，

星座内每颗卫星绝对相位角沿轨道面较前日后退约 5°/天，标称轨道情况下相对升交点赤经和相位角基本保持一致。

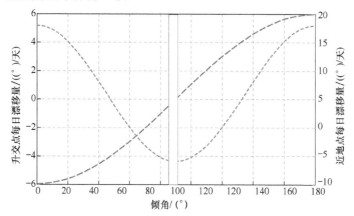

图 3-16　低轨星座（高度 1000km）相位每日摄动量

3.5.2　相对相位演化建模

本节建立卫星星座轨道相位角对偏差分布函数的演化变分方程，表征由卫星星座构型射入误差和捕获偏差。轨道射入误差和捕获偏差，由地球非球形带谐项主项摄动引起表征星座构型稳定性的相对轨道升交点差变化率方程为

$$\Delta\dot{\theta} = \left(\frac{\partial\dot{\theta}}{\partial X}\right)\Delta X = \left(\begin{array}{cccc}\dfrac{\partial\dot{\theta}}{\partial a} & \dfrac{\partial\dot{\theta}}{\partial e} & \dfrac{\partial\dot{\theta}}{\partial\Omega} & \dfrac{\partial\dot{\theta}}{\partial i}\end{array}\right)\left(\begin{array}{c}\Delta a \\ \Delta e \\ \Delta\Omega \\ \Delta i\end{array}\right)$$

相位长期项摄动方程分别对轨道半长轴、偏心率、升交点赤经和倾角求偏微分。

（1）对轨道半长轴偏微分：

$$\frac{\partial\dot{\theta}}{\partial a} = \frac{\partial\dot{\omega}_{e}}{\partial a} + \frac{\partial\dot{\omega}_{s}}{\partial a} + \frac{\partial\dot{\omega}_{m}}{\partial a} + \frac{\partial n}{\partial a}$$

其中：

$$\frac{\partial\dot{\omega}_{e}}{\partial a} = -\frac{7}{2}\left(\frac{\dot{\omega}_{e}}{a}\right), \quad \frac{\dot{M}}{\partial a} = -\frac{7}{2}\left(\frac{\dot{M}}{a}\right)$$

$$\frac{\partial\dot{\omega}_{s}}{\partial a} = -20626.48\left(\frac{\dot{\omega}_{s}}{Q}\right)\left(\frac{n}{a}\right)$$

$$\frac{\partial\dot{\omega}_{m}}{\partial a} = -20626.48\left(\frac{\dot{\omega}_{m}}{Q}\right)\left(\frac{n}{a}\right)$$

$$\frac{\partial n}{\partial a} = \frac{\partial}{\partial a}\left(\sqrt{\frac{\mu}{a^3}}\right) = -\frac{3}{2}\left(\frac{n}{a}\right)$$

（2）对轨道偏心率偏微分：

$$\frac{\partial \dot\theta}{\partial e}=\frac{\partial \dot\omega_e}{\partial e}+\frac{\partial \dot\omega_s}{\partial e}+\frac{\partial \dot\omega_m}{\partial e}+\frac{\partial n}{\partial e}$$

其中：

$$\frac{\partial \dot\omega_e}{\partial e}=4\dot\omega_e\left(\frac{e}{1-e^2}\right),\quad \frac{\partial \dot M}{\partial e}=-3\dot M\left(\frac{e}{1-e^2}\right)$$

$$\frac{\partial \dot\omega_s}{\partial e}=\frac{\partial \dot\omega_m}{\partial e}=0,\quad \frac{\partial n}{\partial e}=0$$

（3）对轨道升交点赤经偏微分：

$$\frac{\partial \dot\theta}{\partial \Omega}=\frac{\partial \dot\omega_e}{\partial \Omega}+\frac{\partial \dot\omega_s}{\partial \Omega}+\frac{\partial \dot\omega_m}{\partial \Omega}+\frac{\partial n}{\partial \Omega}=0$$

（4）对轨道倾角偏微分：

$$\frac{\partial \dot\theta}{\partial i}=\frac{\partial \dot\omega_e}{\partial i}+\frac{\partial \dot\omega_s}{\partial i}+\frac{\partial \dot\omega_m}{\partial i}+\frac{\partial n}{\partial i}$$

其中：

$$\frac{\partial \dot\omega_e}{\partial i}=-\dot\omega_e\left(\frac{5\sin 2i}{5\cos^2 i-1}\right)$$

$$\frac{\partial \dot M}{\partial i}=-\dot M\left(\frac{3\sin 2i}{2-3\sin^2 i}\right)$$

$$\frac{\partial \dot\omega_s}{\partial i}=-\dot\omega_s\left(\frac{5\sin 2i}{4-5\sin^2 i}\right)$$

$$\frac{\partial \dot\omega_m}{\partial i}=-\dot\omega_m\left(\frac{5\sin 2i}{4-5\sin^2 i}\right)$$

$$\frac{\partial n}{\partial i}=0$$

上述建模过程还可以应用差分计算方法：

$$\frac{\partial \dot\theta}{\partial a}\simeq\frac{\dot\theta(a_s+\delta a)-\dot\theta(a_s-\delta a)}{2\delta a}$$

$$\frac{\partial \dot\theta}{\partial e}=\frac{\dot\theta(e_s+\delta e)-\dot\theta(e_s-\delta e)}{2\delta e}$$

$$\frac{\partial \dot\theta}{\partial \Omega}=\frac{\dot\theta(\Omega_s+\delta\Omega)-\dot\theta(\Omega_s-\delta\Omega)}{2\delta\Omega}$$

$$\frac{\partial \dot\theta}{\partial i}=\frac{\dot\theta(i_s+\delta i)-\dot\theta(i_s-\delta i)}{2\delta i}$$

式中：a_s,e_s,Ω_s,i_s 分别为标称设计轨道半长轴、偏心率、标称轨道面升交点赤经和标称设计倾角，通常可以取 $\delta a=50m, \delta e=10^{-5}, \delta\Omega=0.01°, \delta i=0.01°$。

3.5.3 中高轨星座相位稳定性

对北斗卫星导航星座构型标称设计轨道半长轴,半长轴 a 为 27906 km,偏心率 e 为 0.001,倾角 i 为 55°,升交点赤经分别为 0°、120°、240°。轨道射入误差和捕获偏差,由地球非球形带谐项主项摄动引起表征星座构型稳定性的相对轨道相位角发散变分方程系数见表 3-9。

表 3-9 中高轨星座相位角变分方程系数

摄 动 项	半长轴/((°)·天$^{-1}$·km^{-1})	偏 心 率	升交点赤经/((°)·天$^{-1}$·(°)$^{-1}$)	倾角/((°)·天$^{-1}$·(°)$^{-1}$)
J_2 项	-2.3×10^{-6}	2.2×10^{-5}	0.0	-0.2138
太阳	-1.4×10^{-8}	0.0	0.0	-0.0019
月球	-3.1×10^{-8}	0.0	0.0	-0.0043
轨道角速度	-0.0360	0.0	0.0	0.0

轨道半长轴捕获偏差为零均值白噪声:$\Delta a \sim N(0, \sigma_a)$。

轨道偏心率捕获偏差为零均值白噪声:$\Delta e \sim N(0, \sigma_e)$。

火箭射入误差引入的升交点赤经分布偏差为零均值白噪声:$\Delta \Omega \sim N(0, \sigma_\Omega)$。

火箭射入误差引入的轨道倾角分布偏差为零均值白噪声:$\Delta i \sim N(0, \sigma_i)$。

初始轨道偏差分布白噪声均值和协方差定义见表 3-10。

表 3-10 初始轨道偏差分布白噪声

轨 道 要 素	1σ
半场轴 a/m	10
偏心率 e	0.0001
轨道倾角 i/(°)	0.5
升交点赤经 Ω/(°)	1.0

星座组网轨道控制偏差和火箭射入偏差打靶分布如图 3-17 所示。其中:图 3-17(a)是卫星控制过程轨道捕获误差分布,横坐标为轨道半长轴捕获误差分布,纵坐标为轨道偏心率捕获误差分布;图 3-17(b)是火箭射入误差,横坐标为火箭射入误差引入的升交点赤经分布偏差,纵坐标为火箭射入误差引入的轨道倾角分布偏差。

在上述假定的组网偏差情况下,北斗卫星导航星座构型相对相位角随时间演化情况如图 3-18~图 3-20 所示,图中横坐标为时间,以年为单位;纵坐标为同一轨道面内相对相位角演化结果(红色为 1σ 演化分布情况,蓝色为 3σ 演化分布情况),演化分析结果如下。

(1)在上述假定的组网偏差情况下,北斗星座同轨道面卫星 3 年内相对相位偏差能够自然保持在 ±2.5° 内(3σ)。

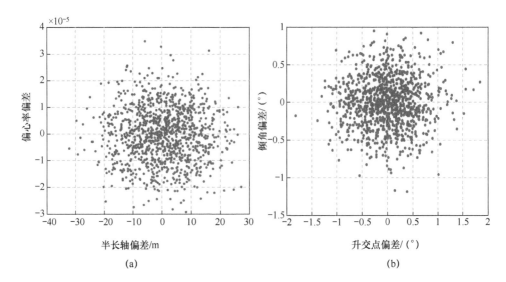

图 3-17　星座初始轨道偏差打靶分布

（a）半长轴/偏心率捕获误差分布；（b）轨道面赤经/倾角入轨误差分布。

（2）如果按卫星平均 10 年寿命，北斗星座中每颗卫星在寿命期至少需要 2 次相位调整控制。

（3）星座组网阶段轨道控制误差要求如下：轨道半长轴捕获误差期望均值应小于 10，偏心率捕获误差期望均值应小于 0.0001，始相位角捕获精度优于 0.1°。

（4）星座组网阶段火箭发射入轨误差要求如下：轨道面升交点赤经入轨精度期望均值应优于 1°（对应发射窗口 15min），轨道面倾角入轨精度期望均值应优于 0.35°。

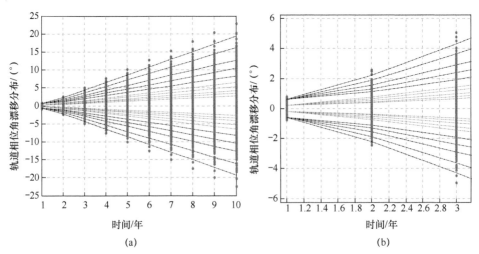

图 3-18　第一轨道面相位角漂移演化分布（彩图见书末）

（a）10 年相位漂移；（b）3 年相位漂移。

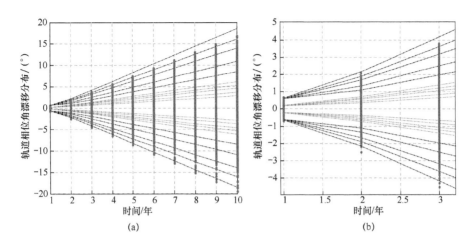

图 3-19   第二轨道面相位角漂移演化分布（彩图见书末）

（a）10 年相位漂移；（b）3 年相位漂移。

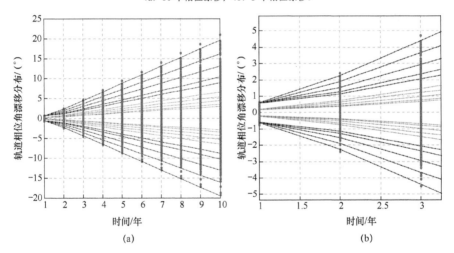

图 3-20   第三轨道面相位角漂移演化分布（彩图见书末）

（a）10 年相位漂移；（b）3 年相位漂移。

总之，轨道面内相位角摄动对轨道部署偏差非常敏感。通过对现有发射部署和工程测定轨误差分布进行蒙特卡罗打靶分析，若北斗卫星导航星座要保持相对稳定的构型，需要轨道半长轴捕获误差期望均值应小于 10m，偏心率捕获误差期望均值应小于 0.0001，升交点赤经入轨发射误差期望均值应小于 1°，倾角入轨发射误差期望均值应小于 0.35°，初始相位角捕获偏差小于 0.1°。

3.5.4   低轨星座相位稳定性

低轨星座卫星相位角变分方程系数见表 3-11，通过差分验证发现，变分方程系数与差分计算结果在计算机有效精度内一致。对于 400km/53° Walker 星座，其半长轴每千米偏差引起相位差每日累计约 1.24°，其倾角每度偏差引起相位差每日累计约 0.54°；对于 1000km/86° Walker 星座，其半长轴每千米偏差引起相位差每日累计约 1°，其倾角每度偏差引起相位差每日累计约 0.06°。

表 3-11　低轨星座卫星相位角变分方程系数

（轨道高度/倾角）/（km/（°））	半长轴/（（°）/天）	偏心率/（（°）/天）	赤经/（（°）/天）	倾角/（（°）/天）
400/53	−1.24129	0.0036	0.0	−0.54046
1000/86	−0.9998	−0.0008	0.0	−0.05815

低轨星座轨道射入误差和组网捕获偏差分别由现有发射部署能力和工程测定轨条件决定，其中半长轴、偏心率和初始相位偏差是地面测运控系统的测量和轨道捕获精度指标，轨道倾角是发射火箭射向偏差的反映，升交点赤经由发射窗口时间偏差引起，现有能力水平分别如表 3-12 所列。

表 3-12　低轨星座发射误差和组网偏差

轨道捕获和发射偏差	分 布 函 数
半长轴 a/m	$N(0, 0.35)$
偏心率 e	$N(0, 0.00001)$
轨道倾角 i/（°）	$N(0, 0.01°)$
升交点赤经 Ω/（°）	$N(0, 0.03°)$
初始相位 θ/（°）	$N(0, 0.03°)$

星座组网轨道控制偏差和火箭射入偏差打靶分布如图 3-21 所示。其中：图 3-21（a）是卫星控制过程轨道捕获误差分布，横坐标为轨道半长轴捕获误差分布，纵坐标为轨道偏心率捕获误差分布；图 3-21（b）是火箭射入误差，横坐标为火箭射入误差引入的升交点赤经分布偏差，纵坐标为火箭射入误差引入的轨道倾角分布偏差。

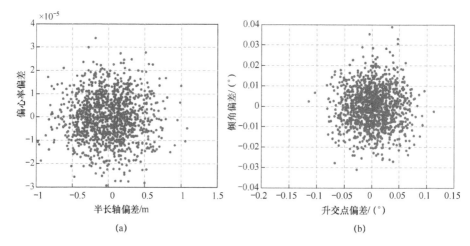

(a)　　　　　　　　　　　　　　(b)

图 3-21　低轨星座组网轨道偏差分布

（a）半长轴/偏心率捕获误差分布；（b）轨道面赤经/倾角入轨误差分布。

　　基于变分方程对低轨星座构型摄动稳定性进行定量分析，从星座部署初态实际误差分布出发，量化分析低轨卫星星座稳定性。在上述假定的组网偏差情况下，低轨星座构型相对相位角随时间演化情况如图 3-22、图 3-23 所示，图中横坐标为时间，以年为单位；纵坐标为同一轨道面内相对相位角演化结果（红色为 1σ 演化分布情况，蓝色为 3σ 演化分布情况），演化分析结果如下。

　　（1）在上述假定的组网偏差情况下，在现有发射部署和工程测定轨条件下，对于高度为 400km 的低轨星座，10 天左右轨道面内相位偏差将发散到 $\pm0.1°$，20 天左右 97%（3σ）的可能性将超过 $0.1°$，要维持轨道面内相对相位 $\pm0.1°$ 稳定性，星座内任意卫星将在 20 天内需要相位修正控制。

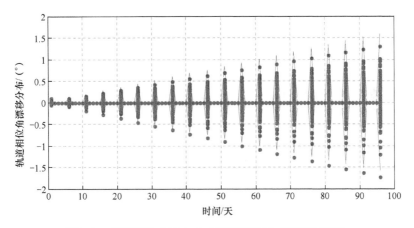

图 3-22　低轨星座（400km）相位演化分布（彩图见书末）

　　（2）在上述假定的组网偏差情况下，在现有发射部署和工程测定轨条件下，对于高度为 1000km 的低轨星座，20 天左右轨道面内相位偏差将发散到 $\pm0.1°$，30 天左右 97%（3σ）的可能性将超过 $\pm0.1°$，要维持相对相位 $\pm0.1°$ 的稳定性，星座内任意卫星将在 30 天内需要相位修正控制。

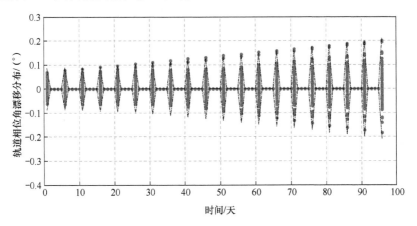

图 3-23　低轨星座（1000km）相位演化分布（彩图见书末）

通过对现有发射部署和工程测定轨误差分布进行蒙特卡罗打靶分析，若保持升交点赤经和相位角偏差±0.1°相对稳定的构型，对于高度为 1000km 的低轨星座，星座内任意卫星将在 60 天内同时需要轨道面和相位修正控制。对于高度为 400km 左右的星链（Starlink）星座，星座内任意卫星 30 天要维持升交点赤经，20 天要修正相位控制。

3.6 小结

本章通过建立低轨星座构型考虑地球非球形带谐项和日月三体引力摄动的构型演化变分方程，量化分析了其稳定性。首先，建立了表征轨道面稳定的相对轨道升交点赤经，以及表征轨道面内稳定的相位角摄动方程和变分方程，给出了考虑地球非球形带谐项和日月三体引力摄动的解析模型，计算验证了变分方程系数的正确性；其次，基于该变分方程对低轨星座构型摄动稳定性进行了定量分析，从星座部署初态实际误差分布函数变分传播过程出发，量化分析了低轨星座的整体构型稳定性，给出了轨道捕获和轨道发射的偏差约束，以及低轨星座的构型稳定性基本结论。对于中高轨星座轨道，其构型稳定性规律可总结概括如下。

（1）从轨道倾角摄动相对漂移方程分析：轨道倾角摄动相对漂移对半长轴、偏心率、升交点赤经和倾角存在偏差并不敏感，也就是说同一轨道面 8 颗卫星，即便存在升交点赤经和倾角的射入误差，同时存在半长轴、偏心率的捕获误差，同一轨道面的 8 颗卫星，其轨道受太阳和月球引力摄动也几乎保持一致。

（2）一个重要结论（也是有益于发射和部署中高轨星座的一个结论）：采用共面发射仍然是保持轨道面稳定的最有效手段，但多次分阶段部署完全共轨道面对于发射系统要求过于苛刻，好在中高轨星座，其轨道面基本稳定，在较为宽松的发射精度约束下（如容许轨道倾角（0.5°）和升交点赤经（1.0°）），北斗卫星导航星座同一轨道面内卫星轨道升交点赤经基本保持稳定。

（3）轨道面内相位角摄动对轨道部署偏差非常敏感。通过对现有发射部署和工程测定轨误差分布进行蒙特卡罗打靶分析，如果北斗卫星导航星座要保持相对稳定的构型，则需要轨道半长轴捕获误差期望均值应小于 10m，偏心率捕获误差期望均值应小于 0.0001，升交点赤经入轨发射误差期望均值应小于 1°，倾角入轨发射误差期望均值应小于 0.35°，初始相位角捕获偏差小于 0.1°。此外，星座内每个卫星在 3 年内至少要进行 1 次相位修正控制。

（4）计算表明：低轨星座构型面升交点赤经和轨道面内相位角对轨道部署偏差均非常敏感。通过对现有发射部署和工程测定轨误差分布进行蒙特卡罗打靶分析，若保持升交点赤经和相位角偏差±0.1°相对稳定的构型，对于高度为 1000km 的低轨星座，星座内任意卫星将在 60 天内同时需要轨道面和相位修正控制。对于高度为 400km 左右的星链（Starlink）星座，星座内任意卫星 30 天要维持升交点赤经，20 天要修正相位控制。本章节工作可为未来低轨星座构型部署与维持运维控制提供参考。

参考文献

[1] 项军华, 张育林, 等. 卫星组网与星座控制设计、分析、仿真系统研究[J]. 系统仿真学报, 2006, 18(2): 691-695.

[2] 范丽, 张育林, 曾国强, 等. 小卫星星座及其自主运行技术[J]. 上海航天, 2002(4): 25-32.

[3] GARRISON T P, INCE M, PIZZICAROLI J, et al. System engineering trades for IRIDIUM constellation[J]. Journal of Spacecraft and Rockets, 1997, 34(5): 675-680.

[4] 潘科炎, 王旭东, 李果. 星座与星座构型控制技术[J]. 航天控制, 2002(3): 51-56.

[5] 殷建丰, 贺泉, 韩潮. 基于相对轨道要素的航天器相对运动碰撞分析[J]. 航空学报, 2011, 32(2): 311-320.

[6] 张洪华, 张国峰, 林来兴. 考虑 J_2 项摄动的星座相对运动控制[J]. 宇航学报, 2003, 24(5): 479-483.

[7] ZH G, DANIELE M. Second-order integral form Gauss's Variational equations under impulsive control[J]. Journal of GUIDANCE, CONTROL, AND DYNAMICS, 2019, 42(2): 284-302.

[8] 陈雨, 赵灵峰, 刘会杰, 等. 低轨 Walker 星座构型演化及维持策略分析[J]. 宇航学报, 2019, 40(11): 1296-1303.

[9] 杜耀珂, 杨盛庆, 完备, 等. 近地卫星严格回归轨道保持控制[J]. 航空学报, 2018, 38(12): 322-449.

[10] 胡松杰, 申敬松, 邹佩. 基于参考轨道的 Walker 星座相对相位保持策略[J]. 空间控制技术与应用, 2010, 36(5): 45-49.

[11] 李恒年, 李济生, 焦文海. 全球星摄动运动及摄动补偿运控策略研究[J]. 宇航学报, 2010, 31(7): 1756-1761.

[12] 张洪波. 航天器轨道力学理论与方法[M]. 北京: 国防工业出版社, 2015.

[13] JAMES R W. Mission geometry: orbit and constellation design and management[M]. Microcos Press & Kluwer Academic Publishers, 2001.

[14] 曹新亮, 王弼松. 轨道摄动影响 GNSS 卫星可见性的分析研究[J]. 全球定位系统, 2018, 43(6): 51-57.

[15] 靳锴, 罗建军, 郑茂章, 等. 考虑导航误差和摄动影响的椭圆轨道最优交会制导[J]. 控制理论与应用, 2018, 35(10): 1484-1493.

[16] 姜宇, 李恒年, 宝音贺西. Walker 星座摄动分析与保持控制策略[J]. 空间控制技术与应用, 2013, 39(2): 36-41.

[17] 何丽娜. 不同摄动力对低中高轨航天器轨道的影响分析[J]. 大地测量与地球动力学, 2017, 37(11): 1156-1160, 1165.

[18] 刘成, 李芳. 卫星轨道误差对定位精度影响的摄动分析方法[J]. 天文研究与技术, 2018, 15(1): 40-45.

[19] 潘迅, 泮斌峰, 唐硕. 考虑 J_2 项摄动的小推力燃料最优转移轨道设计[J]. 哈尔滨工业大学学报, 2017, 49(10): 15-21.

[20] 王强, 叶东, 范宁军, 等. 含有 J_2 项摄动的卫星追逃轨道优化[J]. 北京理工大学学报, 2017, 37(4): 418-423.

[21] 吴志刚, 杨今朝, 彭海军, 等. 轨道预报的一种乘法保辛摄动方法[J]. 中国科学: 技术科学, 2016, 46(12): 1232-1241.

[22] 胡文龙. 扁率摄动对地球同步轨道 SAR 成像聚焦的影响分析[J]. 雷达学报, 2016, 5(3): 312-319.

[23] 吝琳, 方群. 考虑 J_2 项摄动的空间共振轨道特性分析[J]. 西北工业大学学报, 2016, 34(1): 147-152.

[24] 陈长春, 林滢, 沈鸣, 等. 一种考虑摄动影响的星座构型稳定性设计方法[J]. 上海航天(中英文), 2020, 37(1): 33-37.

[25] 李恒年, 钱山, 高为广. 北斗卫星导航系统(一期)星座构型稳定性设计[J]. 中国科学: 物理学 力学 天文学, 2014, 44(6): 621-629.

[26] 钱山, 李恒年, 伍升钢. MEO 非共振轨道导航星座摄动补偿控制[J]. 国防科技大学学报, 2014, 36(2): 53-60.

[27] 姜宇, 李恒年, 宝音贺西. Walker 星座摄动分析与保持控制策略[J]. 空间控制技术与应用, 2013, 39(2): 36-41.

[28] 陈晓宇, 戴光明, 陈良, 等. 一种基于球面剖分的星座性能分析方法[J]. 宇航学报, 2016, 37(10): 1246-1254.

[29] 陈晓宇, 王茂才, 戴光明, 等. 卫星星座性能评估体系的设计与实现[J]. 计算机应用与软件, 2015, 32(11): 44-48.

04 / 第 4 章
星座构型偏置设计

4.1 概述

本章讨论星座构型偏置设计问题。星座构型偏置设计就是调整和偏置星座卫星轨道的半长轴和倾角,改变轨道摄动对卫星轨道的长期影响,补偿主要摄动力对星座相对角速度和轨道面相对进动速度的长期影响的线性部分,提高星座构型稳定性。研究表明,通过星座构型参数的整体设计可以提高星座构型的摄动稳定性,降低星座维持控制的频率。特别针对中高轨星座,研究通过调整星座轨道半长轴和倾角,改变地球扁率和日月长期项摄动对星座构型稳定的长期影响,补偿主要摄动项对星座相对轨道面相对进动速度的长期项,以此提高星座构型的整体稳定性。

4.2 摄动补偿偏置方法

摄动补偿设计方法的基本思想就是设计星座轨道与标称值的偏置或偏差,以便补偿主要摄动引起漂移量的变化,达到增强星座稳定性的目的。摄动补偿偏置方法如图 4-1 所示,星座摄动运动相对漂移量如图 4-1(a)黑色曲线所示,在组网控制时偏置初始状态量如红色曲线所示,可以预料补偿后星座相对摄动量将不再有线性项,呈现如图 4-1(b)所示的仅存在摄动周期项,从而提高星座构型的整体稳定性。

根据上述叙述可知,摄动补偿后,星座整体稳定性,即相对漂移量大小,取决于寿命期内各轨道面卫星参数漂移的非线性程度。如果能够找到三个轨道面,使其在主要摄动力作用下的参数漂移运动的非线性程度尽量小,则摄动补偿设计方法就能够达到更好的补偿效果,且补偿后星座相对漂移量更小,星座更稳定。

参数偏置摄动补偿通过星座构型参数的整体设计来提高星座构型受摄稳定性,降低星座站位维持控制的频率。该方法主要是调整所有星座构型的半长轴和倾角,改变地球扁率项对卫星轨道的长期影响,补偿主要摄动力对星座相对角速度和轨道面相对进动速度的长期影响的线性部分,提高星座构型稳定性。对于未能消除的其他非线性部分，仍然需要通过卫星的站位控制来维持星座构型，但这种构型保持控制频率、推进剂消耗量等将大大降低。参数偏置摄动补偿方法通常基于星座几何构型优化设计结果进行，是对标称星座构型的小量偏差调整，偏置量一般不超过原始轨道参数的 0.5%。

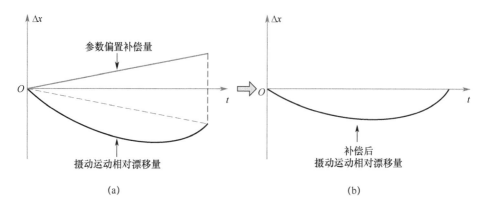

图 4-1　摄动补偿偏置方法示意图（彩图见书末）

(a) 相对摄动（黑色）和偏置补偿（红色）；(b) 补偿后相对摄动量。

通过对中高轨道长期稳定性的分析发现，主要摄动力对北斗轨道升交点赤经 Ω 和相位角 θ 的长期影响与时间近似呈线性关系，而轨道半长轴偏差 Δa 和倾角偏差 Δi 在地球扁率 J_2 项作用下也将线性地改变卫星轨道升交点赤经和相位角的长期变化率。基于这一特点，可考虑通过设计星座卫星轨道半长轴和倾角的初始参数，使上述两部分长期摄动运动方向相反，抵消升交点赤经和相位角长期摄动中的线性部分。

在仿真统计三个轨道面内标称轨道情况下，轨道倾角、升交点赤经和升交点赤经平均长期项摄动量的定义如表 4-1 所列。

表 4-1　平均长期项摄动

平均摄动轨道面	轨 道 倾 角	升交点赤经	升交点赤经
第一轨道面	$\bar{i}_1$	$\bar{\Omega}_1$	$\bar{\theta}_1$
第二轨道面	$\bar{i}_2$	$\bar{\Omega}_2$	$\bar{\theta}_2$
第三轨道面	$\bar{i}_3$	$\bar{\Omega}_3$	$\bar{\theta}_3$

星座整体平均摄动率计算如下：

$$\bar{i} = \frac{1}{n}\sum_{m=1}^{n}\bar{i}_m, \quad \bar{\Omega} = \frac{1}{n}\sum_{m=1}^{n}\bar{\Omega}_m, \quad \bar{\theta} = \frac{1}{n}\sum_{m=1}^{n}\bar{\theta}_m$$

统计每一轨道位置相对摄动差：

$$\Delta\bar{i}_m^k = \bar{i}_m^k - \bar{i}, \quad \Delta\bar{\Omega}_m^k = \bar{\Omega}_m^k - \bar{\Omega}, \quad \Delta\bar{\theta}_m^k = \bar{\theta}_m^k - \bar{\theta}$$

轨道半长轴偏差、升交点赤经和倾角偏差导致的轨道倾角、升交点赤经和相位角的长期摄动变化率存在如下关系式，轨道参数偏置量 $\Delta a_m^k, \Delta\Omega_m^k, \Delta i_m^k$（其中，$m=1,2,3$ 表示轨道面，$k=1,2,\cdots,8$）表示同一轨道面内卫星编号。

$$\begin{pmatrix} \Delta i_m^{ik} \\ \Delta \dot{\Omega}_m^k \\ \Delta \dot{\theta}_m^k \end{pmatrix} = \begin{pmatrix} \dfrac{\partial i}{\partial a} & \dfrac{\partial i}{\partial \Omega} & \dfrac{\partial i}{\partial i} \\ \dfrac{\partial \dot{\Omega}}{\partial a} & \dfrac{\partial \dot{\Omega}}{\partial \Omega} & \dfrac{\partial \dot{\Omega}}{\partial i} \\ \dfrac{\partial \dot{\theta}}{\partial a} & \dfrac{\partial \dot{\theta}}{\partial \Omega} & \dfrac{\partial \dot{\theta}}{\partial i} \end{pmatrix} \begin{pmatrix} \Delta a_m^k \\ \Delta \Omega_m^k \\ \Delta i_m^k \end{pmatrix}$$

摄动补偿方法的轨道参数偏置量计算流程如图 4-2 所示。该过程描述如下：首先利用高精度轨道动力学模型积分得到的精密轨道来模拟实际轨道，计算卫星轨道 Ω 和 u 的长期漂移量；其次通过星座构型稳定性分析得到卫星之间的相对漂移量 $\Delta\Omega$、Δu；最后利用上式分别计算轨道参数调整量 Δa、Δi 和星座中各卫星的 a、i 的新参数。重复上述步骤，反复设计轨道半长轴和倾角，直到得到满意的结果为止。

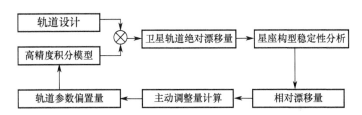

图 4-2 摄动补偿方法的轨道参数偏置量计算流程

根据星座卫星之间 Ω 和 u 的长期变化率进行 a 和 i 的偏置后，得到的星座初始构型参数都在标称参数附近，因此 a 和 i 的调整幅度对星座性能的影响可通过星座构型的冗余设计来消除。

通过初始轨道面的最优选择达到使初始参数偏置摄动补偿效果最好的目的，从而保证寿命期内可不对星座进行构型维持控制。在实际工作中，如果存在控制执行误差或者因发射窗口问题未能按照初始轨道面最优选择方案进行星座部署，则 10 年寿命期内星座各轨道面相位角相对漂移量可能超出"死区"指标。

4.3 耦合补偿偏置

由于初始偏置量 Δa 和 Δi 会同时影响卫星轨道 Ω 和 u 的长期变化率，因此，Δa 和 Δi 对 Ω 和 u 的长期摄动影响是耦合，故将 4.2 节描述的参数偏置摄动补偿方案称为耦合补偿方案。以北斗卫星导航星座轨道为例进行参数偏置量计算，得到耦合补偿方案如表 4-2 所列。

表 4-2　耦合偏置设计方案

轨 道 面	编　号	$\Delta\Omega/(°)$	$\Delta u/(°)$	$\Delta a/(°)$	$\Delta i/(°)$
一	MEO11	−2.9180	6.6792	−50.9829	0.9846
	MEO12	−2.9183	6.6782	−51.0002	0.9847
	MEO13	−2.9177	6.6779	−50.9823	0.9844
	MEO14	−2.9174	6.6793	−50.9613	0.9843
	MEO15	−2.9184	6.6806	−50.9862	0.9847
	MEO16	−2.9184	6.6796	−50.9938	0.9847
	MEO17	−2.9179	6.6791	−50.9802	0.9845
	MEO18	−2.9178	6.6789	−50.9782	0.9845
二	MEO21	2.2522	−14.9467	−35.0421	−0.7595
	MEO22	2.2522	−14.9470	−35.0443	−0.7595
	MEO23	2.2520	−14.9477	−35.0566	−0.7595
	MEO24	2.2519	−14.9492	−35.0715	−0.7594
	MEO25	2.2520	−14.9505	−35.0779	−0.7595
	MEO26	2.2519	−14.9489	−35.0692	−0.7594
	MEO27	2.2519	−14.9478	−35.0609	−0.7594
	MEO28	2.2522	−14.9468	−35.0428	−0.7595
三	MEO31	0.6663	8.2703	86.0642	−0.2252
	MEO32	0.6658	8.2696	86.0414	−0.2250
	MEO33	0.6655	8.2678	86.0173	−0.2249
	MEO34	0.6658	8.2676	86.0255	−0.2250
	MEO35	0.6661	8.2686	86.0435	−0.2251
	MEO36	0.6660	8.2698	86.0492	−0.2251
	MEO37	0.6656	8.2687	86.0269	−0.2250
	MEO38	0.6658	8.2693	86.0384	−0.2250

　　从补偿量计算结果（图 4-3 和图 4-4 中）可以看出，同一轨道面内各卫星半长轴和倾角理论偏置量基本一致，而不同轨道面卫星的参数偏置量之间存在一定差异。从参数偏置量级上看，轨道半长轴的主动调整量都在 100m 以下，倾角偏置量都在 1°以内，上述参数调整对星座性能的影响都在标称设计参数考虑的冗余范围之内。

　　以北斗卫星导航星座轨道为例，耦合补偿后预测 10 年有以下结论。

　　（1）如图 4-5 所示（轨道参数偏置对倾角的补偿和修正作用），各轨道面卫星倾角在 10 年寿命期内能够保持在标称倾角 55°±1°以内。

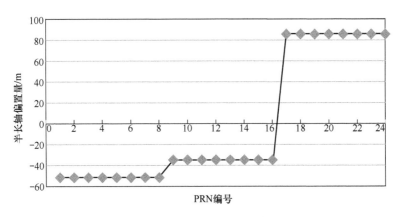

图 4-3　轨道半长轴摄动补偿偏置量

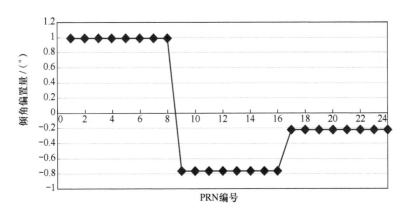

图 4-4　轨道倾角摄动补偿偏置量

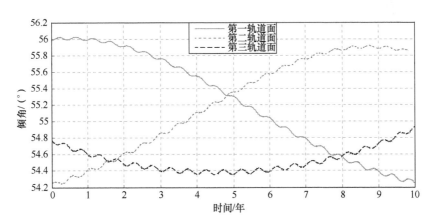

图 4-5　轨道参数偏置对倾角的补偿和修正作用

（2）如图 4-6 所示（轨道参数偏置对升交点赤经的补偿和修正作用），各轨道面升交点赤经相对漂移量 $\Delta\Omega$ 最大值由补偿前的 3° 下降到 0.5°。

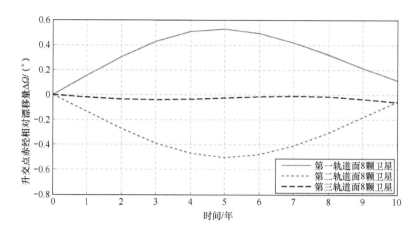

图 4-6　轨道参数偏置对升交点赤经的补偿和修正作用

（3）如图 4-7～图 4-9 所示（轨道参数偏置后各轨道面绝对相位变化情况），相对相位角漂移量 Δu 最大值由补偿前的 15° 下降到 6°。

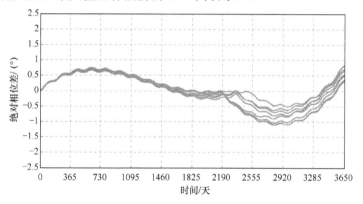

图 4-7　轨道参数偏置第一轨道面绝对相位变化

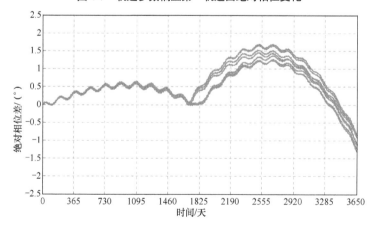

图 4-8　轨道参数偏置第二轨道面绝对相位变化

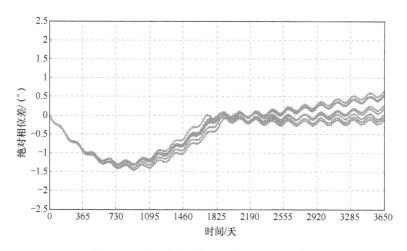

图 4-9 轨道参数偏置第三轨道面绝对相位变化

以北斗卫星导航星座轨道为例，星座整体稳定性大大提高。按导航星座维持6重以上覆盖性能"死区"指标（$\varepsilon_\Omega = 3.0°$ 和 $\varepsilon_u = 5.0°$）分析，10年寿命期内星座各轨道面的升交点赤经可以不进行控制，第一、第二轨道面卫星相位角只需进行1次轨道维持，就能保证整体星座构型的稳定性。

4.4 解耦补偿偏置

在耦合偏置补偿方案中，要补偿升交点赤经或相位角中的任意一个量，理论上需要同时对半长轴和倾角进行调整，如表4-3所列。但实际分析发现，偏置量 Δa 和 Δi 分别对 Ω 和 u 相对漂移率补偿效率是不同的，为便于工程实现，可考虑简化上述过程的部分耦合项影响，实施解耦控制，在此称其为"解耦补偿方案"。

以北斗卫星导航星座轨道为例，数值仿真表明，在初始参数偏置量作用下：①升交点赤经长期摄动运动主要受倾角偏置量影响，半长轴偏差量对其影响非常小，可忽略不计，对升交点赤经的补偿和修正作用可通过倾角偏置来实现；②相位角长期摄动运动同时受倾角偏差和半长轴偏差的影响，二者作用量级相当，但考虑到倾角偏置量已由升交点赤经漂移量确定，故对相位角的补偿和修正作用实际上需要通过半长轴偏置来实现。

表 4-3 解耦偏置设计方案

轨 道 面	编 号	$\Delta\Omega/(°)$	$\Delta u/(°)$	$\Delta a/(°)$	$\Delta i/(°)$
一	MEO11	−2.9180	6.6792	−50.9564	0.9843
	MEO12	−2.9183	6.6782	−50.9737	0.9844
	MEO13	−2.9177	6.6779	−50.9558	0.9842
	MEO14	−2.9174	6.6793	−50.9348	0.9841
	MEO15	−2.9184	6.6806	−50.9597	0.9844

轨 道 面	编 号	$\Delta\Omega/(°)$	$\Delta u/(°)$	$\Delta a/(°)$	$\Delta i/(°)$
一	MEO16	−2.9184	6.6796	−50.9673	0.9844
	MEO17	−2.9179	6.6791	−50.9537	0.9843
	MEO18	−2.9178	6.6789	−50.9517	0.9842
二	MEO21	2.2522	−14.9467	−35.0238	−0.7597
	MEO22	2.2522	−14.9470	−35.0261	−0.7597
	MEO23	2.2520	−14.9477	−35.0384	−0.7596
	MEO24	2.2519	−14.9492	−35.0533	−0.7596
	MEO25	2.2520	−14.9505	−35.0597	−0.7596
	MEO26	2.2519	−14.9489	−35.0510	−0.7596
	MEO27	2.2519	−14.9478	−35.0427	−0.7596
	MEO28	2.2522	−14.9468	−35.0246	−0.7597
三	MEO31	0.6663	8.2703	86.0194	−0.2248
	MEO32	0.6658	8.2696	85.9967	−0.2246
	MEO33	0.6655	8.2678	85.9726	−0.2245
	MEO34	0.6658	8.2676	85.9808	−0.2246
	MEO35	0.6661	8.2686	85.9988	−0.2247
	MEO36	0.6660	8.2698	86.0044	−0.2247
	MEO37	0.6656	8.2687	85.9821	−0.2245
	MEO38	0.6658	8.2693	85.9937	−0.2246

4.5 相位补偿偏置

在主要摄动因素作用下，各轨道面卫星相位角的绝对漂移量与初始相位角及初始相位角偏差无关。基于这一推论，本节提出对有可能超出相位角容许漂移量"死区"的卫星，进行初始相位角偏置，使其相位角相对漂移量曲线整体平移进"死区"范围之内，从而达到寿命期内不对相位角进行维持的目的。

如图 4-10 所示，设星座中某一颗卫星 k 的初始标称相位为 u_{k0}，若其初始相位偏置量为 Δu_{k0}，则在相位偏置后时间 t 内，卫星 k 以 u_{k0} 为标准的相位角相对漂移曲线将整体平移 Δu_{k0}。

以 3 颗卫星为例，设标称初始相位分别为 u_{10}、u_{20}、u_{30}，t 时刻各卫星相位角分别为 u_1、u_2、u_3，时间 t 内各卫星的绝对漂移量分别为 Δu_1、Δu_2、Δu_3，平均漂移量为

$$\Delta\bar{u} = \frac{1}{3}\sum_{k=1}^{3}\Delta u_k$$

式中：$\Delta u_1 = u_1 - u_{10}$；$\Delta u_2 = u_2 - u_{20}$；$\Delta u_3 = u_3 - u_{30}$。

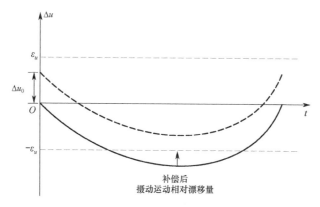

图 4-10 初始相位角偏置控制方案示意图

将标称初始相位整体平移 $\Delta \bar{u}$ ，得到新的标称初始相位为

$$\begin{cases} u'_{10} = u_{10} + \Delta \bar{u} \\ u'_{20} = u_{20} + \Delta \bar{u} \\ u'_{30} = u_{30} + \Delta \bar{u} \end{cases}$$

进一步可得各星相对于 u'_{10}、u'_{20}、u'_{30} 的相对漂移量为

$$\begin{cases} \Delta u'_1 = u_1 - u'_{10} = u_1 - u_{10} - \Delta \bar{u} = \Delta u_1 - \Delta \bar{u} \\ \Delta u'_2 = u_2 - u'_{20} = u_2 - u_{20} - \Delta \bar{u} = \Delta u_2 - \Delta \bar{u} \\ \Delta u'_3 = u_3 - u'_{30} = u_3 - u_{30} - \Delta \bar{u} = \Delta u_3 - \Delta \bar{u} \end{cases}$$

现假设对卫星 2 进行初始相位偏置，偏置量为 Δu_{20}，则新的标称初始相位分别为 u_{10}、$u_{20} + \Delta u_{20}$、u_{30}，t 时刻各卫星相位角分别为 u_1、$u'_2(u'_2 = u_2 + \Delta u_{20})$、$u_3$。

根据上述分析可知时间 t 内各卫星相位角的绝对漂移量仍然为 Δu_1、Δu_2、Δu_3，则平均漂移量仍然为 $\Delta \bar{u}$。

将标称初始相位整体旋转 $\Delta \bar{u}$ ，得到新的标称初始相位为

$$\begin{cases} u'_{10} = u_{10} + \Delta \bar{u} \\ u''_{20} = u_{20} + \Delta u_{20} + \Delta \bar{u} \\ u'_{30} = u_{30} + \Delta \bar{u} \end{cases}$$

首先分析各星相对于 u'_{10}、u''_{20}、u'_{30} 的相对漂移量为

$$\begin{cases} \Delta u'_1 = \Delta u_1 - \Delta \bar{u} \\ \Delta u''_2 = u'_2 - u''_{20} = \Delta u_2 - \Delta \bar{u} \\ \Delta u'_3 = \Delta u_3 - \Delta \bar{u} \end{cases}$$

可见，对卫星 2 初始相位进行偏置后，星座相对新的初始标称相位 u_1、u'_2、u_3 的相对漂移量与未偏置前相对于标称相位 u_1、u_2、u_3 的漂移量一致。

再来看各星相对于 u'_{10}、u'_{20}、u'_{30} 的相对漂移量：

$$\begin{cases} \Delta u'_1 = \Delta u_1 - \Delta \bar{u} \\ \Delta u'''_2 = u'_2 - u'_{20} = \Delta u_2 - \Delta \bar{u} + \Delta u_{20} \\ \Delta u'_3 = \Delta u_3 - \Delta \bar{u} \end{cases}$$

可见，对卫星 2 初始相位进行偏置后，星座相对初始标称相位 u_1、u_2、u_3 的相对漂移量较未偏置前相对于标称相位 u_1、u_2、u_3 的漂移量整体平移了 Δu_{20}。

时间 t 内各卫星相位角的绝对漂移量为 Δu_1、$\Delta u_2 + \Delta u_{20}$、$\Delta u_3$，其中 Δu_1、Δu_2、Δu_3 为摄动因素引起的漂移，Δu_{20} 为卫星 2 固有的常值偏置。星座构型相对保持的基本原理是保留各卫星摄动漂移项的共有部分，控制摄动漂移项的个体差异，因此共同漂移量应该采用 Δu_1、Δu_2、Δu_3，即平均漂移量仍然为 $\Delta \bar{u}$。

各卫星相对漂移量为

$$\begin{cases} \Delta u_1' = \Delta u_1 - \Delta \bar{u} \\ \Delta u_2''' = \Delta u_2 - \Delta \bar{u} + \Delta u_{20} \\ \Delta u_3' = \Delta u_3 - \Delta \bar{u} \end{cases}$$

上述过程可进一步推广到 N 颗卫星的情况。根据的分析，在进行星座构型演化分析和初始偏置量计算时，采用 3 颗卫星进行仿真计算分析与采用 24 颗卫星进行仿真分析，结果具有一致性。下面就分别选取 MEO11、MEO21 和 MEO31 三颗卫星为代表，仿真分析初始相位角偏置方案的可行性。仿真过程包括 3 个方面：①标称轨道构型演化分析；②初始参数偏置摄动补偿后构型演化分析；③初始参数偏置摄动补偿+初始相位角偏置后构型演化分析。

如图 4-11、图 4-12 所示，分析结果可知：①初始相位角偏置不影响升交点赤经相对漂移特性；②初始相位角偏置后，第一轨道面和第二轨道面的相位角相对漂移曲线整体平移进入相位角最大容许漂移量的 5°"死区"范围。上述结果验证了初始相位角偏置控制方案的可行性和有效性。

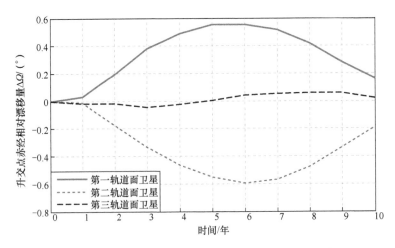

图 4-11 摄动补偿+初始相位偏置后升交点赤经相对漂移曲线

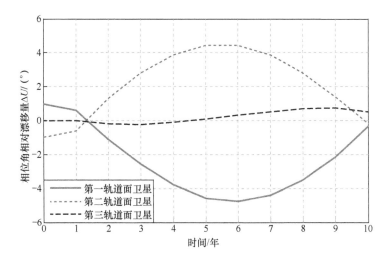

图 4-12 摄动补偿+初始相位偏置后相位角相对漂移曲线

4.6 偏置设计分析

摄动补偿方法的参数偏置过程对星座卫星的轨道高度、轨道倾角进行了调整，必然会对星座的性能产生影响。本节重点分析参数偏置前后导航星座性能，以及偏置星座各阶段导航性能演化情况，检验参数偏差下星座构型参数冗余设计的有效性，以及参数偏置前后星座导航性能的对比情况。

图 4-13 和图 4-14 比较了摄动补偿前后，星座平均 GDOP 值和 HDOP 值随纬度变化的情况。标称星座的平均 GDOP 最大值为 2.2010，最小值为 1.6440，平均值为 1.8971；平均 HDOP 最大值为 1.1220，最小值为 0.8040，平均值为 0.9460。摄动补偿后，星座的平均 GDOP 最大值为 2.1970，最小值为 1.6590，平均值为 1.9035；平均 HDOP 的最大值为 1.1270，最小值为 0.8020，平均值为 0.9481。可见，a 和 i 的小量调整对标称星座性能的影响是很小的，但对星座性能长期稳定具有重要意义，在摄动补偿后的 10 年寿命期内，星座导航性能能够较好地保持在一个稳定的水平上。

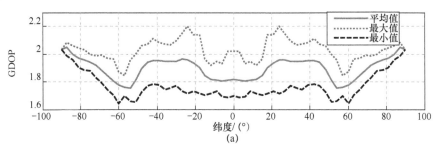

(a)

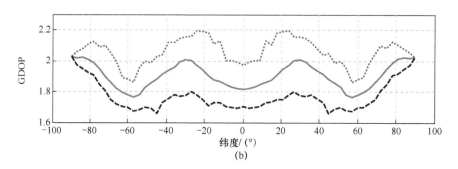

图 4-13　摄动补偿对星座初始性能 GDOP 参数的影响

（a）摄动补偿前 GDOP 随纬度的变化曲线；（b）摄动补偿后 GDOP 随纬度的变化曲线。

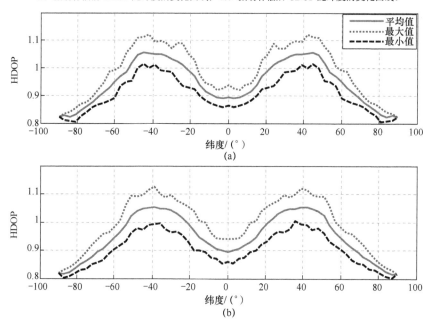

图 4-14　摄动补偿对星座初始性能 HDOP 参数的影响

（a）摄动补偿前 HDOP 随纬度的变化曲线；（b）摄动补偿后 HDOP 随纬度的变化曲线。

4.7　小结

　　本章讨论了星座构型偏置设计，特别针对中高轨星座，研究了通过调整星座轨道半长轴和倾角，改变地球扁率和日月长期项摄动对星座构型稳定的长期影响，补偿主要摄动项对星座相对轨道面相对进动速度的长期项，以此提高星座构型的整体稳定性。可以总结概括如下。

　　（1）在 10 年寿命期内，由主要摄动因素引起的各卫星相对漂移量与由初始参数偏置产生的补偿漂移量的变化方向正好相反，初始参数偏置产生的补偿漂移量能够有效消除未补偿前相对漂移量的线性部分,补偿后各星相对漂移量较小,星座稳定性显著增强。

(2)在初始参数偏置量作用下,升交点赤经长期摄动运动主要受倾角偏置量影响,半长轴偏差量对其影响非常小,可忽略不计,故对升交点赤经的补偿和修正作用可通过倾角偏置来实现;相位角长期摄动运动同时受倾角偏差和半长轴偏差的影响,且二者量级相当,但倾角偏置量已由升交点赤经漂移量确定,故对相位角的补偿和修正作用实际上需通过半长轴偏置来实现。

(3)采用摄动补偿方案后,全球星座 10 年寿命期内的导航性能很好地保持在一个稳定的水平。在整个导航星座运行的几十年中,由主要摄动因素引起的倾角摄动运动应作长周期项考虑。如果不对某一卫星的倾角进行调整,经过继续漂移运动,其倾角变化率将会呈现反向变化趋势。因此,对后续部署或补网卫星,发射倾角只需瞄准各自所属轨道面当前时刻倾角即可,整个卫星寿命期内倾角几乎不需调整。

(4)在同一发射时刻,各星座卫星的相位角和升交点漂移量、初始半长轴和倾角偏置量随初始升交点赤经的变化规律均具有一致性;在一年中的不同发射时刻,各轨道面卫星轨道参数漂移量、初始轨道参数偏置量与初始升交点赤经的关系的变化趋势基本一致,只在量级上稍有差别。

参考文献

[1] 刘明,杨明,高兴,等. 基于粒子群的非规则区域连续覆盖星座设计[J]. 航天控制,2020,38(2): 31-37.

[2] 陈长春,林滢,沈鸣,等. 一种考虑摄动影响的星座构型稳定性设计方法[J]. 上海航天(中英文),2020,37(1): 33-37.

[3] 吕原草,王凤春,徐楠,等. 基于低轨移动星座的高速星载路由器设计[J]. 中国空间科学技术,2019,39(6): 87-95.

[4] 姜宇,宝音贺西. 快速重访侦查卫星星座设计[C]. 北京: 力学会第 20 届学术年会论文集,2014: 310-312.

[5] 计晓彤,丁良辉,钱良,等. 全球覆盖低轨卫星星座优化设计研究[J]. 计算机仿真,2017,34(9): 64-69.

[6] 姜兴龙,姜泉江,刘会杰,等. 采用改进非支配近邻免疫算法的低轨混合星座设计优化[J]. 宇航学报,2014,35(9): 1007-1014.

[7] 李振东,何善宝,刘崇华,等. 一种导航星座星间链路拓扑设计方法[J]. 航天器工程,2011,20(3): 32-37.

[8] 余东峰,雷菁. 一种区域性覆盖星座设计与仿真方法[J]. 无线电工程,2006(10): 40-42.

[9] 李恒年,钱山,高为广,等. 北斗卫星导航系统(一期)星座构型稳定性设计[J]. 中国科学: 物理学 力学 天文学,2014,44(6): 621-629.

05 / 第5章
星座组网部署控制

5.1　概述

本章讨论星座组网部署控制。星座组网泛指星座中卫星的部署顺序和目标轨道的捕获控制。实际工程中，星座组网部署是一个动态过程，各轨道面卫星将分批次发射，时间跨度较大。因此，星座组网部署控制讨论部署过程随轨道摄动的基准选择问题、星座构型捕获过程控制问题，星座部署分解到个体卫星的轨道捕获过程，使整体复杂问题化简为常规简单的轨道相位捕获问题。

本章以北斗卫星导航星座为例，首先讨论星座分布轨道面的优化选择问题，轨道面选择不同，在漫长的运维周期内，北斗卫星导航星座将呈现不同的稳定特点，比如当3个轨道面初始升交点赤经分别位于55°、175°和295°附近时，各轨道面在主要摄动力作用下的参数漂移运动差异程度较小，经初始参数偏置摄动补偿后，理论上10年内可不进行轨道维持。其次，讨论工程实际中星座部署基准选择问题。最后，讨论星座构型捕获过程相位角控制问题。

5.2　轨道部署优化

根据前述分析，优化部署轨道面选择目标是找到3个轨道面，使其在主要摄动力作用下的轨道漂移运动的非线性项尽量小，即相对漂移量偏差 ΔL 尽量小。为此，定义如下优化问题：

$$\text{Find} \quad\quad \Omega_{10}、\Omega_{20}、\Omega_{30}$$

$$\min \quad\quad J = \sum_{i=1}^{3} \left| \Delta L_{u,i} \right|$$

$$\text{s.t.} \quad \left| \Omega_{i0} - \Omega_{j0} \right| = 120 \quad i,j = 1,2,3, \text{且} i \neq j$$

基于上述优化模型，以北斗卫星导航星座为例，可以得到部署轨道面选择方案，表5-1列出了指标函数最小的5组优化方案。

表 5-1 部署轨道面选择方案

方 案	Ω_{10}	Ω_{20}	Ω_{30}	$\Delta L_{u,1}$	$\Delta L_{u,2}$	$\Delta L_{u,3}$	J
1	53.000	173.000	293.000	−1.133	3.951	−3.629	8.713
2	54.000	174.000	294.000	−0.751	3.891	−3.706	8.347
3	55.000	175.000	295.000	−0.356	3.830	−3.782	7.969
4	56.000	176.000	296.000	0.039	3.769	−3.859	7.667
5	57.000	177.000	297.000	0.424	3.708	−3.935	8.066

以北斗卫星导航星座为例,当 3 个轨道面选择初始升交点赤经分别位于 55°、175° 和 295° 时,表征星座稳定的轨道面相对升交点赤经和星座相对相位摄动演化量较小。

1. 相对升交点赤经

如图 5-1 所示,经初始参数偏置摄动补偿后,10 年寿命期内 3 个轨道面升交点赤经相对漂移介于 −0.6° ~ +0.6°,满足轨道面赤经相对差最大容许漂移量 ±2.5° 的"死区"要求,理论上 10 年内可不进行轨道维持。

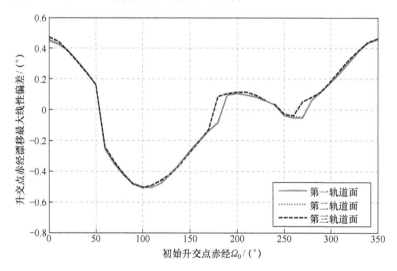

图 5-1 轨道面升交点赤经–轨道面相对漂移关系

2. 星座相对相位

如图 5-2 所示,经初始参数偏置摄动补偿后,10 年寿命期内 3 个轨道面相位角相对漂移介于 −6° ~ +6°,基本满足相位角最大容许漂移量 ±5° 的"死区"要求,理论上 10 年内可不进行轨道维持。

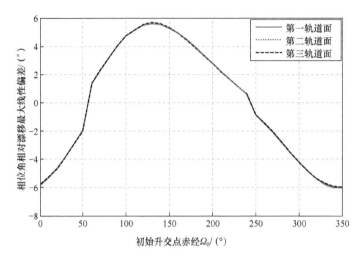

图 5-2   轨道面升交点赤经-相对相位角漂移关系

5.3   轨道偏置部署

工程实际中，星座部署是一个动态过程，各轨道面卫星将分批次发射，时间跨度较大。后期部署某一卫星 k 时，其所属轨道面的升交点赤经和倾角已发生改变，该卫星初始倾角如何偏置是一个具体问题，而前述参数偏置摄动补偿分析过程未考虑该动态过程，给出的偏置量是星座部署时刻所有卫星的初始偏置量。

设卫星 k 偏置后初始轨道倾角目标值为 i_0，发射时其所属轨道面实际倾角为 i，由此可得到两种倾角部署方案。

1. 瞄准初始轨道倾角目标值发射

此时卫星 k 与同轨道面其他在轨卫星之间存在倾角差 $\Delta i_k = i_k - i$，将影响卫星 k 与同轨道面卫星之间升交点赤经的漂移速度，逐渐产生升交点赤经漂移差。

在 10 年寿命期的某一时刻发射卫星 k，Δi_k 的变化范围应为 $-2° \sim 2°$，在 Δi_k 作用下，卫星 k 与同轨道面其他在轨卫星之间升交点赤经差演化规律如图 5-3 所示。当部署倾角差达到 $2°$ 时，如图 5-4 所示，同一轨道面卫星轨道升交点赤经摄动差将会达到 $0.6°$/年。

分析发现，如果按照瞄准初始轨道倾角目标值发射卫星 k，则卫星 k 与同轨道面其他在轨卫星之间将存在固定的升交点赤经漂移速度差，最大可达 $0.6°$/年，10 年寿命期最大升交点赤经漂移量差达到 $6°$；同时，卫星 k 部署时间越晚，Δi_k 量级越大，升交点赤经漂移速度差越大。综上所述，瞄准初始轨道倾角目标值发射不利于星座整体构型的稳定性。

2. 瞄准当前轨道面平均倾角发射

此时卫星 k 与同轨道面其他在轨卫星之间不存在倾角差，如果其半长轴与同轨道面卫星半长轴偏差不大，则其升交点赤经将与同轨道面其他卫星保持一致。有一个问题值得关注，如图 5-5 所示，设各卫星的设计寿命为 10 年，在寿命期内星座各轨道面倾角具有长期变化特性，在第 5 年部署卫星 k，则其倾角在其入轨后 5 年（星座开始部署的第 10 年）达到边界值，此时在星座部署起始时刻部署的其他卫星的寿命已经到期，但卫星 k 还有 5 年的寿命，是否需要对其倾角进行控制？如不进行控制，倾角是否会继续漂移，进而影响星座构型稳定性和导航性能。

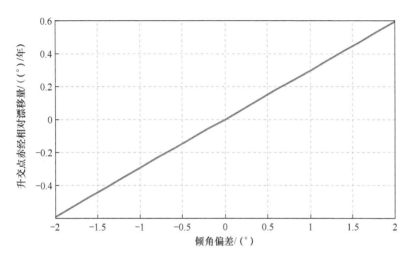

图 5-3　倾角差同轨道面卫星升交点赤经差 1 年变化率

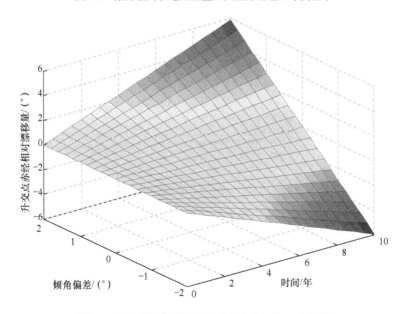

图 5-4　倾角差同轨道面卫星升交点赤经差 10 年演化

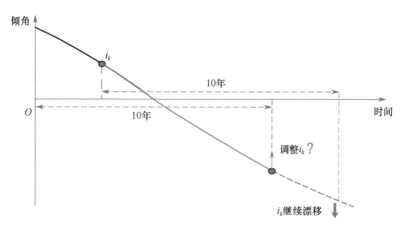

图 5-5   按当前轨道面平均倾角偏置（不补偿）

综合倾角长期摄动运动规律可知，在其他在轨卫星寿命到期而卫星 k 还有寿命时，其倾角理论上不用进行调整。研究表明：在主要摄动因素影响下，中高轨道倾角主项摄动周期分别为轨道面回归周期约 30 年、半个回归周期约 15 年的中长周期。相对于 10 年的卫星寿命而言，上述长周期项可作长期项考虑；但在整个导航星座运行的几十年中，还是应该作为长周期项考虑。如图 5-6 所示，根据这一特点，如果不对卫星 k 的轨道倾角进行调整，那么经过继续漂移运动，其倾角变化率会呈现反向变化趋势。

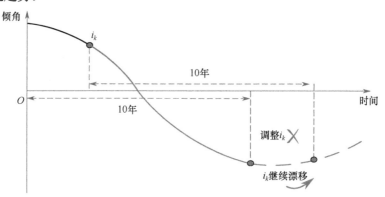

图 5-6   按当前轨道面平均倾角偏置（补偿）

根据这一特点，后续部署的卫星或补网的卫星，发射时倾角只需瞄准各自所属轨道面当前时刻倾角即可，整个卫星寿命期内倾角几乎不需调整，如图 5-7～图 5-8 所示。

在没有其他入轨误差情况下，由于半长轴没有长期摄动，当保持同一轨道面各卫星平均半长轴相等时，同一轨道面相位基本保持不变。但在工程实际中，无法保证各卫星之间平均半长轴完全相等，当同一平面 2 颗卫星平均半长轴相差 100m 时，其相位差 1 年约漂移 1.3°。实际上首先尽量精确入轨精度，其次在长期运行过程中，如果发现共面卫星相位差超出保持范围，可采用双脉冲对其进行修正。

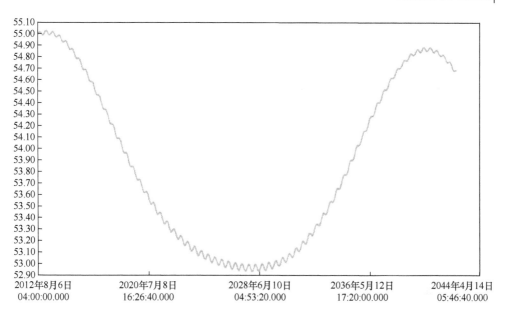

图 5-7　第一轨道面倾角长期摄动随时间的变化情况

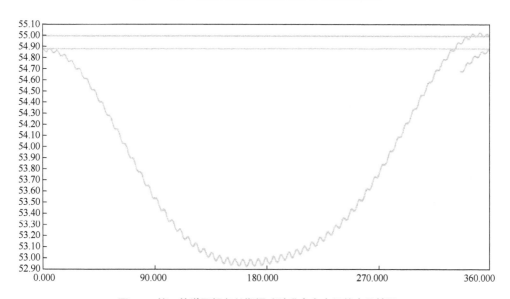

图 5-8　第一轨道面倾角长期摄动随升交点赤经的变化情况

5.4 基准星部署轨道

在星座初始偏置方案计算过程中，并未考虑基准星的部署过程，认为星座卫星均同时入轨。实际上，三个轨道面的基准星并非同时入轨，而是根据发射计划序列发射入轨的，相互之间可能存在几个月至几年的间隔。此时，序列入轨的基准星发射部署目标轨道参数设计，就成为实现星座初始偏置自稳定方案的前提。针对该问题，本节提出如图 5-9 所示的基准星部署设计方案。

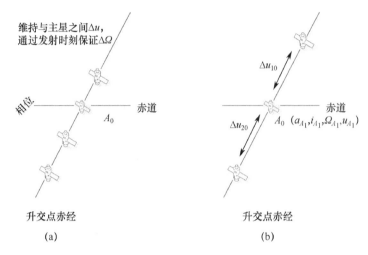

图 5-9　轨道面内的构型维持方案

(a) 轨道面内的构型维持方案；(b) 从属星部署方案。

（1）根据全球星座发射部署计划，将各轨道面最先部署的那颗星定义为各轨道面的基准星，并将 3 颗基准星中最早部署的那颗星的入轨时间作为全球星座寿命期的起始时间 t_0（为方便起见，假设 3 颗基准星分别为 MEO11、MEO21、MEO31，MEO11 最先发射入轨，MEO21 和 MEO31 发射入轨的时间分别为 t_1、t_2）。

（2）以 t_0 为起点，利用 3 颗基准星 10 年寿命期的轨道演化分析数据，计算各轨道面卫星初始参数偏置量，分别记为 $(\Delta a_0, \Delta i_0)_1$、$(\Delta a_0, \Delta i_0)_2$、$(\Delta a_0, \Delta i_0)_3$；进一步得到 t_0 时刻 3 个轨道面所有卫星的初始目标轨道参数，分别记为 $(a_{1,t_0}^t, i_{1,t_0}^t, \Omega_{1,t_0}^t)$、$(a_{2,t_0}^t, i_{2,t_0}^t, \Omega_{2,t_0}^t)$、$(a_{3,t_0}^t, i_{3,t_0}^t, \Omega_{3,t_0}^t)$。

（3）在 t_0 时刻发射 MEO11，其目标轨道参数为 $(a_{1,t_0}^t, i_{1,t_0}^t, \Omega_{1,t_0}^t)$；在 t_1 时刻发射 MEO21，其目标轨道参数为 t_1 时刻的历元轨道参数 $(a_{2,t_1}^t, i_{2,t_1}^t, \Omega_{2,t_1}^t)$；在 t_2 时刻发射 MEO31，其目标轨道参数为 t_2 时刻的历元轨道参数 $(a_{3,t_2}^t, i_{3,t_2}^t, \Omega_{3,t_2}^t)$；其中，$(a_{2,t_1}^t, i_{2,t_1}^t, \Omega_{2,t_1}^t)$、$(a_{3,t_2}^t, i_{3,t_2}^t, \Omega_{3,t_2}^t)$ 分别是以 $(a_{2,t_0}^t, i_{2,t_0}^t, \Omega_{2,t_0}^t)$ 和 $(a_{3,t_0}^t, i_{3,t_0}^t, \Omega_{3,t_0}^t)$ 为初值，进行轨道外推得到的，如图 5-10 和图 5-11 所示。

（4）初始相位角的选择，原则上根据 MEO21、MEO31 分别与 MEO11 在 t_1、t_2 时刻的相对漂移关系来计算，同时可以进行一定的初始偏置，使寿命期内的相位漂移曲线尽量维持在"死区"以内。初始相位角选择的基本目标是使基准星之间相对漂移运动按照理论漂移曲线推进，如图 5-12 所示。

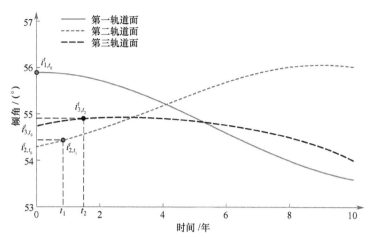

图 5-10　基准星轨道倾角部署示意图

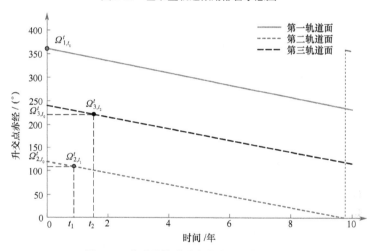

图 5-11　基准星轨道升交点赤经部署示意图

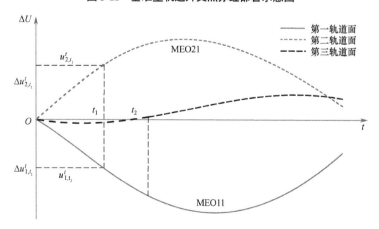

图 5-12　基准星相位角部署示意图

图 5-12 中，u_{1,t_1}^t 为 t_1 时刻 MEO11 的实际相位角，由精密轨道根数得到；u_{2,t_1}^t 为 t_1 时刻 MEO21 的实际相位角，为待求的发射部署目标值；$\Delta u_{1,t_1}^t$、$\Delta u_{2,t_1}^t$ 为 t_1 时刻 2 颗基准星的理论相位角相对漂移量，可以利用星座理论漂移数据插值得到。下面以 MEO21 为例，分析 u_{2,t_1}^t 与 u_{1,t_1}^t 的关系。假设该时刻星座的平均相位角漂移量为 $\Delta \overline{u}^t$，则有

$$\begin{cases} \Delta u_{1,t_1}^t = u_{1,t_1}^t - \overline{u}_{1,t_1}^t - \Delta \overline{u}^t \\ \Delta u_{2,t_1}^t = u_{2,t_1}^t - \overline{u}_{2,t_1}^t - \Delta \overline{u}^t \end{cases}$$

式中：$\overline{u}_{1,t_1}^t$、$\overline{u}_{2,t_1}^t$ 为 MEO11 和 MEO21 在 t_1 时刻的理论相位角，可分别表示为

$$\begin{cases} \overline{u}_{1,t_1}^t = u_{1,t_0}^t + n \cdot (t_1 - t_0) \\ \overline{u}_{2,t_1}^t = u_{2,t_0}^t + n \cdot (t_1 - t_0) \end{cases}$$

式中：u_{1,t_0}^t、u_{2,t_0}^t 为 MEO11 和 MEO21 在 t_0 时刻的理论相位角；n 为平均轨道角速度。整理可得

$$\Delta \overline{u}^t = u_{1,t_1}^t - \overline{u}_{1,t_1}^t - \Delta u_{1,t_1}^t = u_{2,t_1}^t - \overline{u}_{2,t_1}^t - \Delta u_{2,t_1}^t$$

从而

$$u_{2,t_1}^t = u_{1,t_1}^t + (\Delta u_{2,t_1}^t - \Delta u_{1,t_1}^t) + (u_{2,t_0}^t - u_{1,t_0}^t)$$

式中：u_{1,t_1}^t 为实测变量；$\Delta u_{2,t_1}^t - \Delta u_{1,t_1}^t$ 为理论变量；$u_{2,t_0}^t - u_{1,t_0}^t$ 为初始固定偏差量。

同理，可得 t_2 时刻 MEO31 的发射部署目标值 u_{3,t_2}^t 表达式为

$$u_{3,t_2}^t = u_{1,t_2}^t + (\Delta u_{3,t_2}^t - \Delta u_{1,t_2}^t) + (u_{3,t_0}^t - u_{1,t_0}^t)$$

式中：u_{1,t_2}^t 为 t_2 时刻 MEO11 的实际相位角，为实测变量；$\Delta u_{1,t_2}^t$、$\Delta u_{3,t_2}^t$ 为 t_2 时刻 2 颗基准星的理论相位角相对漂移量，为理论变量；u_{3,t_0}^t 为 MEO31 在 t_0 时刻的理论相位角。由此得到 MEO21 和 MEO31 的发射部署目标相位角为

$$\begin{cases} u_{2,t_1}^t = u_{1,t_1}^t + (\Delta u_{2,t_1}^t - \Delta u_{1,t_1}^t) + (u_{2,t_0}^t - u_{1,t_0}^t) \\ u_{3,t_2}^t = u_{1,t_2}^t + (\Delta u_{3,t_2}^t - \Delta u_{1,t_2}^t) + (u_{3,t_0}^t - u_{1,t_0}^t) \end{cases}$$

此外，为减少基准星相位角维持控制频次，还可以采取初始相位角偏置的方法，将寿命期内的相位角相对漂移运动曲线整体平移进构型维持"死区"范围之内，如图 5-13 所示。

此时，MEO21 和 MEO31 的发射部署目标相位角为

$$\begin{cases} u_{2,t_1}^t = u_{1,t_1}^t + (\Delta u_{2,t_1}^t - \Delta u_{1,t_1}^t) + (u_{2,t_0}^t - u_{1,t_0}^t) - \delta u_{2,0} \\ u_{3,t_2}^t = u_{1,t_2}^t + (\Delta u_{3,t_2}^t - \Delta u_{1,t_2}^t) + (u_{3,t_0}^t - u_{1,t_0}^t) - \delta u_{3,0} \end{cases}$$

式中：$\delta u_{2,0}$、$\delta u_{3,0}$ 为 2 颗基准星部署时刻的相位角初始偏置量，符号根据实际情况决定，通常是向减小相位角漂移程度的方向偏置。

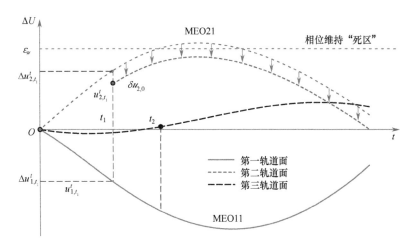

图 5-13　基准星初始相位角偏置方案示意图

5.5　从属星部署轨道

如前所述,从属卫星部署时的目标升交点赤经和倾角瞄准各自基准星理论轨道当前值,目标相位按照与各自基准星理论位置跟飞维持策略确定。本节提出从属星发射部署目标轨道的设计方案如下。

(1)以 t_0 为起点,3 颗基准星初始参数偏置量为 $(\Delta a_0,\Delta i_0)_1$、$(\Delta a_0,\Delta i_0)_2$、$(\Delta a_0,\Delta i_0)_3$;$t_0$ 时刻三个轨道面所有卫星的初始目标轨道参数为 $(a_{1,t_0}^t,i_{1,t_0}^t,\Omega_{1,t_0}^t)$、$(a_{2,t_0}^t,i_{2,t_0}^t,\Omega_{2,t_0}^t)$、$(a_{3,t_0}^t,i_{3,t_0}^t,\Omega_{3,t_0}^t)$。

(2)在 t_0 时刻发射 MEO11,其目标轨道参数为 $(a_{1,t_0}^t,i_{1,t_0}^t,\Omega_{1,t_0}^t)$;在 t_k 时刻发射 MEO1k,其目标轨道参数为 t_k 时刻的历元轨道参数 $(a_{1,t_k}^t,i_{1,t_k}^t,\Omega_{1,t_k}^t)$,$(a_{1,t_k}^t,i_{1,t_k}^t,\Omega_{1,t_k}^t)$ 是以 $(a_{1,t_0}^t,i_{1,t_0}^t,\Omega_{1,t_0}^t)$ 为初值,进行轨道外推得到的,如图 5-14 和图 5-15 所示。

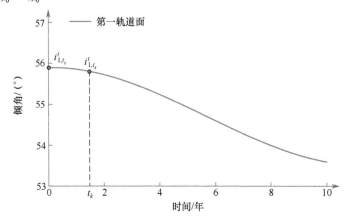

图 5-14　第一轨道面从属星轨道倾角部署示意图

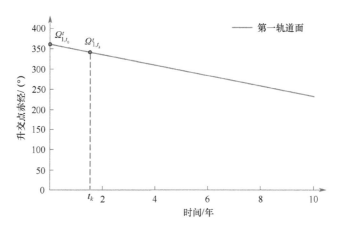

图 5-15　第一轨道面从属星轨道升交点赤经部署示意图

（3）各轨道面从星初始相位角的选择，原则上根据 3 颗基准星 MEO1s、MEO2s、MEO3s 在 t_k 时刻的相对漂移关系来确定。初始相位角选择的基本目标是使从属星相对运动按照基准星之间理论相对漂移运动曲线推进，如图 5-16 所示。

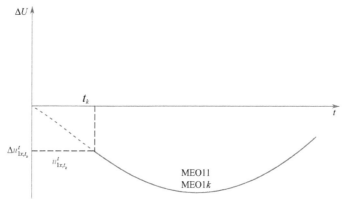

图 5-16　第一轨道面从属星相位部署示意图

图 5-16 中，u_{1x,t_k}^t 为 t_k 时刻第一轨道面卫星的实际相位角，由精密轨道根数得到，对 MEO1s、MEO1k 分别为 u_{1s,t_k}^t、u_{1k,t_k}^t；$\Delta u_{1x,t_k}^t$ 为 t_k 时刻第一轨道面卫星的理论相位角相对漂移量，可以利用星座理论漂移数据插值得到，对 MEO1s、MEO1k 分别为 $\Delta u_{1s,t_k}^t$、$\Delta u_{1k,t_k}^t$，根据前面的描述有 $\Delta u_{1k,t_k}^t = \Delta u_{1s,t_k}^t$。下面推导由 u_{1s,t_k}^t 计算 u_{1k,t_k}^t 的表达式。各轨道面从星相位角相对漂移量表达式，有

$$\Delta u_{1k}' = \Delta u_{1s}' + (u_{1k} - u_{1s}) - (k-s)\frac{360}{s} + (\Delta u_{1k}^0 - \Delta u_{1s}^0)$$

考虑条件 $\Delta u_{1k,t_k}^t = \Delta u_{1s,t_k}^t$，有

$$(u_{1k} - u_{1s}) - (k-s)\frac{360}{s} + (\Delta u_{1k}^0 - \Delta u_{1s}^0) = 0$$

从而有

$$u_{1k} = u_{1s} + (k-s)\frac{360}{s} - (\Delta u_{1k}^0 - \Delta u_{1s}^0)$$

上式中，若初始相位偏置量 $\Delta u_{1k}^0 = \Delta u_{1s}^0$，则从属星 MEO1$k$ 与基准星 MEO1s 的理论相对漂移曲线重合；若初始相位偏置量 $\Delta u_{1k}^0 \neq \Delta u_{1s}^0$，则从星 MEO1$k$ 与基准星 MEO1s 的理论相对漂移曲线不重合。实际应用时，可根据实际情况设计 Δu_{1k}^0，对寿命期内的从属星相位角相对漂移运动曲线整体平移，以减少基准星相位角维持控制频次，如图 5-17 所示。

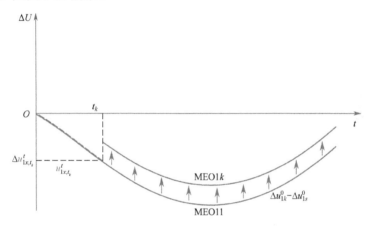

图 5-17 第一轨道面从属星相位偏置部署示意图

第二、第三轨道面从属星目标轨道参数表选取方案可参照 MEO1k 内容进行，在此不再赘述。

5.6 组网相位控制策略

下面简要介绍相位角调整的双脉冲控制原理。根据中高轨道的特点，调相控制过程中除了调整半长轴 a，还需考虑对 e 和 ω 进行协调控制。在考虑卫星只提供切向推力的情况下，可以采用两次切向脉冲来完成 a、e 和 ω 联合修正，设第一次机动轨道位置为 $u = u_1$，速度增量为 $\Delta v_{ae\omega1}$；第二次机动轨道位置为 $u = u_2$，速度增量为 $\Delta v_{ae\omega2}$，满足如下公式：

$$\frac{\Delta a}{a} = 2\sqrt{\frac{a}{\mu}}(\Delta v_{ae\omega1} + \Delta v_{ae\omega2})$$

双脉冲来完成 a、e 和 ω 联合修正可以分为以下三种情况。

（1）$\left(\frac{\Delta a}{a}\right)^2 > (\Delta e)^2$。

在这种情况下，可用符号相同的两个脉冲来修正 a 和 e。第一个速度增量的位

置 u_1 可任选，位置选定后速度增量的大小以及第二个速度增量的大小和位置就完全确定了，即

$$\Delta v_{ae\omega 1}=\frac{V}{4}\frac{\left(\dfrac{\Delta a}{a}\right)^2-(\Delta\xi^2+\Delta\eta^2)}{\dfrac{\Delta a}{a}-(\Delta\xi\cos u_1+\Delta\eta\sin u_1)}$$

$$\Delta v_{ae\omega 2}=\frac{V\Delta a}{2a}-\Delta V_1$$

$$\cos u_2=\frac{V}{2\Delta V_2}\left(\Delta\xi-\frac{2\Delta V_1}{V}\cos u_1\right)$$

$$\sin u_2=\frac{V}{2\Delta V_2}\left(\Delta\eta-\frac{2\Delta V_1}{V}\sin u_1\right)$$

（2）$\left(\dfrac{\Delta a}{a}\right)^2<(\Delta e)^2$。

在这种情况下，两次机动的位置和速度增量的大小都是完全确定的，速度增量的方向相反，位置相差 180°。在轨道控制的过程中，为了避免对卫星实施减速机动，节省燃料，在 $\left(\dfrac{\Delta a}{a}\right)^2>(\Delta e)^2$ 的情况下，应合理选择第一个脉冲作用的时刻，以确保脉冲作用后仍然满足关系式 $\left(\dfrac{\Delta a}{a}\right)^2>(\Delta e)^2$。

$$\Delta v_{ae\omega 1}=\frac{V}{4}\left(\frac{\Delta a}{a}+\sqrt{\Delta\xi^2+\Delta\eta^2}\right)$$

$$\cos u_1=\frac{\Delta\xi}{\sqrt{\Delta\xi^2+\Delta\eta^2}}$$

$$\sin u_1=\frac{\Delta\eta}{\sqrt{\Delta\xi^2+\Delta\eta^2}}$$

$$\Delta v_{ae\omega 2}=\frac{V}{4}\left(\frac{\Delta a}{a}-\sqrt{\Delta\xi^2+\Delta\eta^2}\right)$$

$$\cos u_2=-\frac{\Delta\xi}{\sqrt{\Delta\xi^2+\Delta\eta^2}}$$

$$\sin u_2=-\frac{\Delta\eta}{\sqrt{\Delta\xi^2+\Delta\eta^2}}$$

（3）$\left(\dfrac{\Delta a}{a}\right)^2=(\Delta e)^2$。

利用一次变轨即可完成对 a、e 的协调控制。

$$\Delta V = \frac{V}{2a}\Delta a$$

$$\cos u = \frac{\Delta \xi}{\sqrt{\Delta \xi^2 + \Delta \eta^2}}$$

$$\sin u = \frac{\Delta \eta}{\sqrt{\Delta \xi^2 + \Delta \eta^2}}$$

式中：V 为卫星速度。

下面仿真分析相位角主动"站位"控制过程的效率问题。以 24/3/1(13/7)标称星座构型参数为例，分析给出相位角调整量为 1°、2°、3° 情况下，控制量 Δa 与两次脉冲间隔时间的关系如图 5-18 所示，局部放大图如图 5-19 所示。

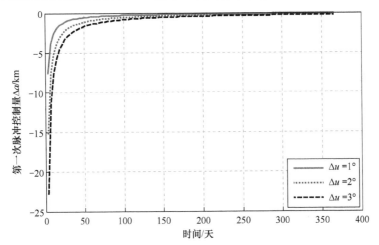

图 5-18　相位角调整过程控制量与脉冲间隔时间的关系

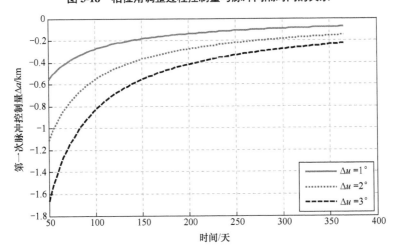

图 5-19　相位角调整过程与累计时间的关系（局部放大图）

5.7 小结

本章讨论了星座组网轨道控制部署过程随轨道摄动的基准选择问题、星座构型捕获过程控制问题，星座部署分解到个体卫星的轨道捕获过程，可以总结概括如下。

（1）轨道面选择不同，在漫长的运维周期内，北斗卫星导航星座将呈现不同的稳定特点，各轨道面在主要摄动力作用下的参数漂移运动差异程度较小，经初始参数偏置摄动补偿后，理论上 10 年内可不进行轨道维持。

（2）星座部署是一个动态过程，各轨道面卫星将分批次发射，时间跨度较大。通过基准卫星选择和从属卫星控制部署策略设计，可以分解为个体卫星的轨道捕获过程，使整体复杂问题降低为常规简单的轨道相位捕获问题。

参考文献

[1] 项军华, 张育林. 区域覆盖星座构型优化及协同控制策略研究[J]. 飞行力学, 2007(3): 87-91.

[2] 李恒年, 李济生, 焦文海. 全球星摄动运动及摄动补偿运控策略研究[J]. 宇航学报, 2010, 31(7): 1756-1761.

[3] 姜宇, 李恒年, 宝音贺西. Walker 星座摄动分析与保持控制策略[J]. 空间控制技术与应用, 2013, 39(2): 36-41.

[4] 钱山, 李恒年, 伍升钢. MEO 非共振轨道导航星座摄动补偿控制[J]. 国防科技大学学报, 2014, 36(2): 53-60.

[5] 经姚翔, 侯芬, 佟金成. 采用简单太阳翼指向控制的 IGSO 星座设计[J]. 中国空间科学技术, 2015, 35(3): 10-16.

第 6 章
星座构型维持策略

6.1 概述

本章讨论星座构型维持策略。通过星座构型长期演化分析可知，星座构型变异是必然的，星座变异将导致星座导航性能发生变化，那么，根据地面覆盖指标、几何 DOP 值和星座卫星安全等要素，应允许星座发生多大程度的自然变异？本章将以升交点赤经和相位角方向的最大容许漂移量作为衡量星座构型变异度量，给出特定星座的构型保持控制指标。

6.2 地面覆盖重数约束

6.2.1 星座覆盖重数统计

以北斗导航星座标称轨道构型为例进行地面覆盖特性分析，按经度间隔 5°、纬度间隔 3° 的地面网格，数值计算时间按 1 个轨道重复周期（7 天），地面网格点按经度和纬度 5°×3° 划分，结果如图 6-1、图 6-2 所示。北斗标称星座构型对地面南北高纬度和近赤道区域大部分地区地面覆盖重数在 7 以上；南北中高纬度地区星座对地面最小覆盖重数为 6，且主要集中在全球的 12 个区域，即图中 "6" 区域。

6.2.2 星座覆盖重数约束

星座对地覆盖重数约束的实质是找出一组稳定性指标 $(\varepsilon_u, \varepsilon_\Omega)$，其中：$\varepsilon_u$ 和 ε_Ω 分别为相位角和升交点赤经的容许漂移量，如图 6-3 所示。当其中某一颗卫星的漂移量超过该指标时，星座对地面点 P 覆盖重数小于 $N_{\min}$。

对于北斗卫星导航系统星座，在工程上允许对任意地面的最小覆盖重数为 $N_{\min}=6$，则地面点 P 可见卫星分布如图 6-4 所示。图中按照地心角大小对各卫星进行命名，其中，$S_1 \sim S_6$ 为地心角最大容许漂移量中最大的 6 颗卫星，S_7 和 S_8 为

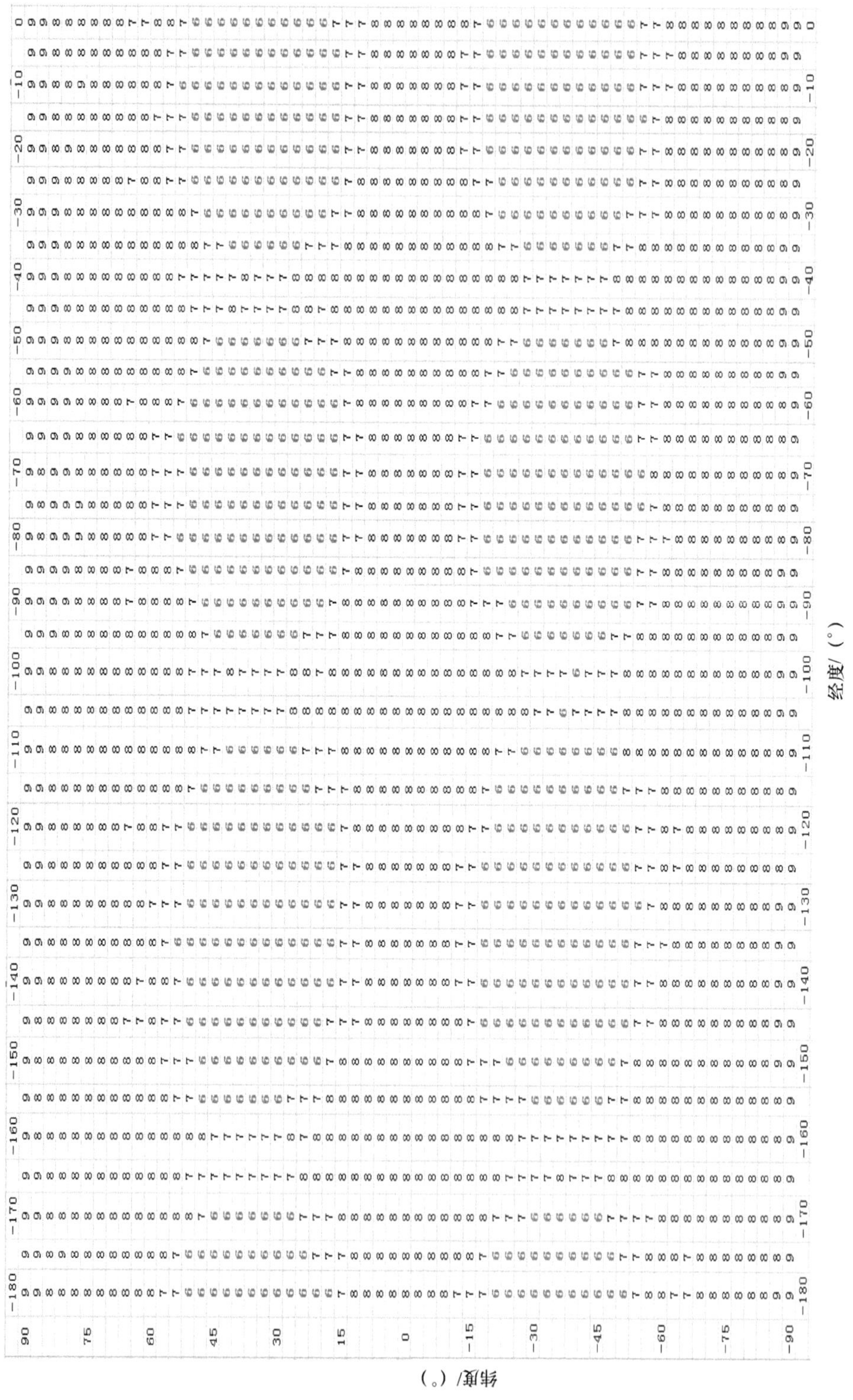

图 6-1 西半球地面网格点最低覆盖重数

纬度/(°)

	0		10		20		30		40		50		60		70		80		90		100		110		120		130		140		150		160		170		180
90	0	5	9	9	9	9	9	9	9	9	9	9	9	9	9	9	9	9	9	9	9	9	9	9	9	9	9	9	9	9	9	9	9	9	9	9	9
	9	9	8	8	8	8	9	9	9	9	9	8	8	8	8	9	9	9	9	9	8	8	8	8	8	9	9	9	9	9	8	8	8	8	8	9	9
	9	8	8	8	8	8	8	8	8	8	8	8	8	8	8	8	8	8	8	8	8	8	8	8	8	8	8	8	8	8	8	8	8	8	8	8	8
	8	8	8	8	8	8	8	8	8	8	8	8	8	8	8	8	8	8	8	8	8	8	8	8	8	8	8	8	8	8	8	8	8	8	8	8	8
	8	8	8	8	8	8	8	8	8	8	8	8	8	8	8	8	8	8	8	8	8	8	8	8	8	8	8	8	8	8	8	8	8	8	8	8	8
75	8	8	8	8	8	8	8	8	8	8	8	8	8	8	8	8	8	8	8	8	8	8	8	8	8	8	8	8	8	8	8	8	8	8	8	8	8
	8	8	8	8	8	8	8	8	8	8	8	8	8	8	8	8	8	8	8	8	8	8	8	8	8	8	8	8	8	8	8	8	8	8	8	8	8
	8	8	8	8	8	8	8	8	8	8	8	8	8	8	8	8	8	8	8	8	8	8	8	8	8	8	8	8	8	8	8	8	8	8	8	8	8
	8	8	8	8	8	8	8	8	8	8	8	8	8	8	8	8	8	8	8	8	8	8	8	8	8	8	8	8	8	8	8	8	8	8	8	8	8
	7	7	8	8	8	8	8	8	8	8	8	7	7	8	8	8	8	8	8	8	8	8	8	8	8	8	8	8	8	8	8	8	8	8	8	8	8
60	7	8	8	8	8	8	8	8	8	7	8	8	8	8	8	8	8	8	8	8	7	8	8	8	8	8	8	8	8	8	8	8	8	8	7	7	8
	8	8	7	8	8	8	8	7	7	7	7	7	7	7	8	8	8	8	7	7	7	7	8	7	7	7	8	8	8	8	7	7	7	7	7	7	7
	8	8	7	8	8	8	8	7	7	7	6	7	7	7	8	8	8	8	7	7	7	6	6	7	7	7	8	8	8	8	7	7	7	6	7	7	7
	7	7	7	8	7	7	7	6	6	6	6	6	6	7	8	8	8	7	6	6	6	6	6	6	6	6	8	8	8	7	7	6	6	6	6	6	6
	6	7	7	8	7	7	6	6	6	6	6	6	6	6	6	7	7	7	6	6	6	6	6	6	6	6	7	7	8	7	6	6	6	6	6	6	6
45	6	6	6	7	7	6	6	6	6	6	6	6	6	6	6	7	7	6	6	6	6	6	6	6	6	6	6	7	7	6	6	6	6	6	6	6	6
	6	6	6	7	7	6	6	6	6	6	6	6	6	6	6	7	7	6	6	6	6	6	6	6	6	6	6	7	7	6	6	6	6	6	6	6	6
	6	6	6	7	7	6	6	6	6	6	6	6	6	6	6	7	6	6	6	6	6	6	6	6	6	6	6	7	7	6	6	6	6	6	6	6	6
	6	6	6	8	7	6	6	6	6	6	6	6	6	6	6	6	7	6	6	6	6	6	6	6	6	6	6	7	7	6	6	6	6	6	6	6	6
	6	6	6	7	7	6	6	6	6	6	6	6	6	6	6	7	7	6	6	6	6	6	6	6	6	6	6	7	7	6	6	6	6	6	6	6	6
30	6	6	6	7	7	6	6	6	6	6	6	6	6	6	6	7	7	6	6	6	6	6	6	6	6	6	6	7	7	6	6	6	6	6	6	6	6
	6	6	7	7	7	7	6	6	6	6	6	6	6	6	6	8	7	6	6	6	6	6	6	6	6	6	6	7	7	6	6	6	6	6	6	6	6
	6	6	7	7	8	7	6	6	6	6	6	6	6	6	7	8	8	7	6	6	6	6	6	6	6	6	7	8	8	7	6	6	6	6	6	6	6
	6	6	7	8	8	7	7	6	6	6	6	6	6	6	7	8	8	7	7	6	6	6	6	6	6	7	7	8	8	7	6	6	6	6	6	6	6
	6	6	8	8	8	7	7	6	6	6	6	6	7	7	8	8	8	8	7	6	6	6	6	6	7	7	8	8	8	8	7	7	6	6	6	6	6
15	7	7	8	8	8	8	7	7	7	7	7	7	7	8	8	8	8	8	7	7	7	7	7	7	7	8	8	8	8	8	8	7	7	7	7	7	7
	7	8	8	8	8	8	8	8	7	7	7	7	8	8	8	8	8	8	8	8	7	7	7	7	8	8	8	8	8	8	8	8	7	7	7	7	8
	7	8	8	8	8	8	8	8	8	8	8	8	8	8	8	8	8	8	8	8	8	8	8	8	8	8	8	8	8	8	8	8	8	8	8	8	8
	8	8	8	8	8	8	8	8	8	8	8	8	8	8	8	8	8	8	8	8	8	8	8	8	8	8	8	8	8	8	8	8	8	8	8	8	8
	8	8	8	8	8	8	8	8	8	8	8	8	8	8	8	8	8	8	8	8	8	8	8	8	8	8	8	8	8	8	8	8	8	8	8	8	8
0	8	8	8	8	8	8	8	8	8	8	8	8	8	8	8	8	8	8	8	8	8	8	8	8	8	8	8	8	8	8	8	8	8	8	8	8	8
	8	8	8	8	8	8	8	8	8	8	8	8	8	8	8	8	8	8	8	8	8	8	8	8	8	8	8	8	8	8	8	8	8	8	8	8	8
	8	8	8	8	8	8	8	8	8	8	8	8	8	8	8	8	8	8	8	8	8	8	8	8	8	8	8	8	8	8	8	8	8	8	8	8	8
	8	8	8	8	8	8	8	8	8	8	8	8	8	8	8	8	8	8	8	8	8	8	8	8	8	8	8	8	8	8	8	8	8	8	8	8	8
	8	8	8	8	8	8	8	7	7	7	7	7	8	8	8	8	8	8	8	8	7	7	7	7	8	8	8	8	8	8	8	8	7	7	7	7	7
−15	8	8	8	8	8	8	8	7	7	7	7	7	7	7	8	8	8	8	8	7	7	7	7	7	7	7	8	8	8	8	7	7	7	7	7	7	7
	7	7	7	8	8	8	7	7	6	6	6	6	6	7	7	8	8	7	7	6	6	6	6	6	6	7	7	8	8	7	7	6	6	6	6	6	7
	6	7	7	8	8	7	6	6	6	6	6	6	6	7	7	8	7	7	6	6	6	6	6	6	6	6	7	7	8	7	6	6	6	6	6	6	6
	6	7	7	8	7	7	6	6	6	6	6	6	6	6	7	8	8	7	6	6	6	6	6	6	6	6	7	8	8	7	6	6	6	6	6	6	6
	6	6	6	7	8	7	6	6	6	6	6	6	6	6	6	8	8	6	6	6	6	6	6	6	6	6	6	8	8	6	6	6	6	6	6	6	6
−30	6	6	6	7	7	6	6	6	6	6	6	6	6	6	6	7	7	6	6	6	6	6	6	6	6	6	6	7	7	6	6	6	6	6	6	6	6
	6	6	6	7	7	6	6	6	6	6	6	6	6	6	6	7	7	6	6	6	6	6	6	6	6	6	6	7	7	6	6	6	6	6	6	6	6
	6	6	6	7	7	6	6	6	6	6	6	6	6	6	6	7	7	6	6	6	6	6	6	6	6	6	6	7	7	6	6	6	6	6	6	6	6
	6	6	6	7	7	6	6	6	6	6	6	6	6	6	6	7	7	6	6	6	6	6	6	6	6	6	6	7	8	6	6	6	6	6	6	6	6
	6	6	6	7	7	6	6	6	6	6	6	6	6	6	6	7	8	6	6	6	6	6	6	6	6	6	6	8	7	6	6	6	6	6	6	6	6
−45	6	6	6	7	7	6	6	6	6	6	6	6	6	6	7	7	7	6	6	6	6	6	6	6	6	6	6	7	7	7	6	6	6	6	6	6	6
	6	6	7	7	8	6	6	6	5	6	6	6	6	6	7	7	7	7	6	6	6	6	6	6	6	6	7	7	7	7	6	6	6	6	6	6	6
	6	6	8	7	8	7	7	6	6	6	6	6	6	7	8	7	7	8	7	6	6	6	6	6	6	7	8	7	7	8	7	6	6	6	6	6	6
	6	6	8	8	8	7	7	7	7	6	7	7	7	8	8	8	8	8	8	7	6	7	7	6	7	8	8	8	7	8	8	7	7	7	6	7	7
	7	7	8	8	8	8	7	7	8	7	7	7	7	8	8	8	8	8	8	8	7	7	7	7	8	8	8	8	8	8	8	7	7	7	7	7	8
−60	7	8	8	8	8	8	8	8	8	8	7	8	8	8	8	8	8	8	8	8	7	7	7	7	8	8	8	8	8	8	8	8	8	7	8	8	8
	8	8	8	8	8	8	8	7	7	8	8	8	8	8	8	8	8	8	8	8	8	8	8	8	8	8	8	8	8	8	8	8	8	8	8	8	7
	8	8	8	8	8	8	8	7	8	8	8	8	7	8	8	8	8	8	7	7	8	8	8	8	7	8	8	8	8	8	8	7	8	8	8	8	7
	8	8	8	8	8	8	8	8	8	8	8	8	8	8	8	8	8	8	8	8	8	8	8	8	8	8	8	8	8	8	8	8	8	8	8	8	8
	8	8	8	8	8	8	8	8	8	8	8	8	8	8	8	8	8	8	8	8	8	8	8	8	8	8	8	8	8	8	8	8	8	8	8	8	8
−75	8	8	8	8	8	8	8	8	8	8	8	8	8	8	8	8	8	8	8	8	8	8	8	8	8	8	8	8	8	8	8	8	8	8	8	8	8
	8	8	8	8	8	8	8	8	8	8	8	8	8	8	8	8	8	8	8	8	9	9	8	8	8	8	8	8	8	8	8	8	8	8	9	8	8
	8	8	8	8	8	8	8	8	8	8	8	8	8	8	8	8	8	8	9	9	9	9	9	9	9	9	8	8	8	8	8	8	9	8	8	8	8
	8	9	8	8	8	8	8	8	8	8	8	8	8	8	8	8	8	9	9	9	9	9	9	9	9	9	9	9	9	9	9	9	8	8	8	8	8
	8	8	9	9	8	8	8	8	9	9	9	9	9	9	9	9	9	9	9	9	8	8	8	9	9	9	9	9	9	9	9	9	9	9	9	9	9
−90	9	9	9	9	9	9	9	9	9	9	9	9	9	9	9	9	9	9	9	9	9	9	9	9	9	9	9	9	9	9	9	9	9	9	9	9	9
	0		10		20		30		40		50		60		70		80		90		100		110		120		130		140		150		160		170		180

经度/(°)

图 6-2　东半球地面网格点最低覆盖重数

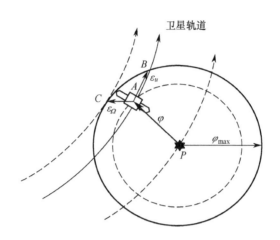

图 6-3　轨道相位角和升交点赤经漂移对地面覆盖示意图

剩下 2 颗可见卫星。进一步假设当前历元，若在 $S_1 \sim S_6$ 各卫星对地面点 P 的相位角和升交点赤经容许漂移量中，S_6 的容许漂移量 $(\varepsilon_u, \varepsilon_\Omega)_6$ 最小，则此时星座对地面点 P 覆盖重数最大容许漂移为 $(\varepsilon_u, \varepsilon_\Omega)_6$。根据容许漂移量的定义，当星座中仅有 S_6 卫星的相位角或升交点赤经的漂移量超过 $(\varepsilon_u, \varepsilon_\Omega)_6$ 时，对地面点 P 而言，S_6 卫星不可见，但此时仍有 S_1、S_2、S_3、S_4、S_5、S_7 和 S_8 可见，覆盖重数 $N' = 7$，仍然满足 $N_{\min} = 6$ 的指标要求，可见根据结论一计算的星座对地覆盖最大容许漂移量并非始终满足指标要求。

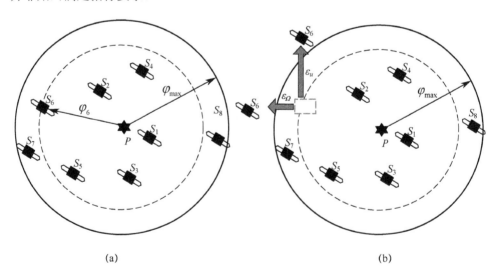

(a)　　　　　　　　　　　　　　(b)

图 6-4　地面覆盖重数示意图

（a）八重覆盖示意图；（b）S_6 地面不可见示意图。

本节对上述结论进行完善，提出结论二：当且仅当 $N = N_{\min}$ 时，$N_{\min}$ 颗卫星轨道的最大容许漂移量的最小值就是星座构型对目标点 P 的最大容许漂移量，如图 6-5 所示。

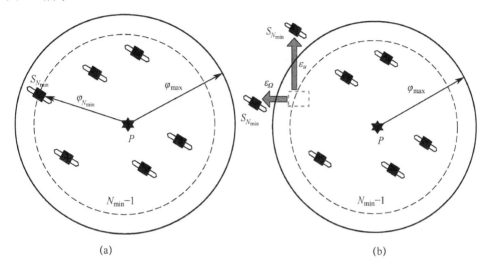

(a)   (b)

图 6-5 最少覆盖重数可见卫星分布示意图

(a) 六重覆盖示意图；(b) S_6 地面不可见示意图。

上述结论的基本原理和正确性不难理解，下面继续介绍星座对地覆盖最大容许漂移量的数值计算过程。

在最小仰角要求下，目标区域的所有可视卫星数目为 N，计算卫星 S_j 与地面点的地心角为 φ_j，则卫星 S_j 与地面点的地心角的最大容许漂移量为

$$\Delta\varphi_{j,\max} = \varphi_{\max} - \varphi_j\,(j = 1, 2, \cdots, N)$$

当某一时刻 $N = N_{\min}$ 时，$N_{\min}$ 颗卫星与地面点地心角的最大容许漂移量的最小值为星座在该时刻对地面点的地心角最大容许漂移量，即

$$\Delta\varphi'_{\max} = \min(\Delta\varphi_{k,\max})\,(k = 1, 2, \cdots, N_{\min}; N = N_{\min})$$

通过计算可以得到 $N_{\min}$ 颗卫星针对地面点 P 在相位角和升交点赤经的容许漂移量，从而可以知道星座相对于 P 点的最大容许漂移量为

$$\varepsilon_u = \min(\varepsilon_{u,j})\,(j = 1, 2, \cdots, N_{\min}; N = N_{\min})$$

$$\varepsilon_\Omega = \min(\varepsilon_{\Omega,j})\,(j = 1, 2, \cdots, N_{\min}; N = N_{\min})$$

将目标区域按照经纬度分成 $k_1 \times k_2$ 个地面点，这样可以计算得到在 t 时刻星座对地面点的最大容许漂移量为

$$\varepsilon_{u,k} = \min(\varepsilon_{u,k,j})\,(j = 1, 2, \cdots, N_{\min}; k = 1, 2, \cdots, k_1 k_2; N = N_{\min})$$

$$\varepsilon_{\Omega,k} = \min(\varepsilon_{\Omega,k,j}) \ (j=1,2,\cdots,N_{\min}; k=1,2,\cdots,k_1 k_2; N=N_{\min})$$

假设星座构型重复周期为 T ，仿真步数为 n ，仿真步长为 $h=T/n$ ，统计一个轨道周期内所有 $N=N_{\min}$ 时刻星座对地面点的最大容许漂移量，从而得到 Walker-δ 星座对地覆盖性能的最大容许漂移量为

$$\varepsilon_{u,k,n} = \min(\varepsilon_{u,k,j})$$

$$\varepsilon_{\Omega,k,n} = \min(\varepsilon_{\Omega,k,j})$$

综上可得，导航星座最大容许漂移量指标分析计算流程如图 6-6 所示。

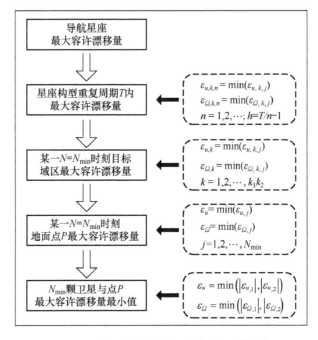

图 6-6 星座最大容许漂移量指标分析计算流程

表 6-1 为星座对地覆盖最大容许漂移量迭代计算过程，经过一个轨道重复周期的迭代计算，得到 24/3/1(13/7)标称星座的最大容许漂移量初步计算结果：地心角最大容许漂移量为 6.4869°，相位角最大容许漂移量为 6.8824°，升交点赤经最大容许漂移量为 7.8915°。

表 6-1 星座对地覆盖最大容许漂移量迭代计算过程

迭 代 次 数	$\Delta\varphi'_{\max}$	ε_u	ε_Ω
1	6.4869	6.8875	7.8915
2	6.4869	6.8875	7.8915

迭代次数	$\Delta\varphi'_{max}$	ε_u	ε_Ω
3	6.4869	6.8875	7.8915
4	6.4869	6.8875	7.8915
5	6.4869	6.8875	7.8915
6	6.4869	6.8875	7.8915
7	6.4869	6.8824	7.8915
8	6.4869	6.8824	7.8915
9	6.4869	6.8824	7.8915
10	6.4869	6.8824	7.8915
11	6.4869	6.8824	7.8915
12	6.4869	6.8824	7.8915
13	6.4869	6.8824	7.8915
14	6.4869	6.8824	7.8915
15	6.4869	6.8824	7.8915
16	6.4869	6.8824	7.8915

上述结果与数值计算的时间步长有关，积分步长越小，计算结果越精细，但计算量较大。本算例计算结果可作为星座长期轨道维持控制的定性参考指标依据。

6.2.3 星座覆盖约束分析

为验证上述最大容许漂移量计算结果的正确性，分别对全球星座中任意中高轨卫星的初始相位角、升交点赤经偏移 7° 和 8°，利用仿真软件分析星座对地面点的覆盖特性，计算周期为一个回归周期（7 天），积分步长为 60s。计算结果为全球覆盖重数随时间的统计值变化曲线，如图 6-7 和图 6-8 所示。

由仿真结果可知，以北斗卫星导航星座为例，对北斗卫星导航星座中任意卫星轨道初始相位角、升交点赤经分别偏移 7° 和 8° 以后，仿真周期内全球覆盖重数最小值有个别区间达到 5，如果进一步增大偏差值，则小于 5 重覆盖的时间区间会更长。从而验证了本节提出的星座对地覆盖"死区"计算方法的正确性，即星座中任意一颗卫星的相位角或升交点赤经漂移量超过最大容许漂移量指标要求时，星座对地面点的覆盖重数将不能始终满足最小覆盖重数要求。

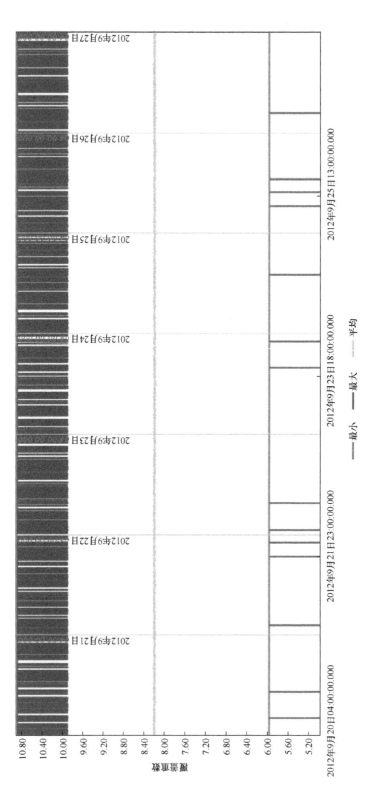

图 6-7 初始相位角偏移 7° 时全球覆盖重数统计值（彩图见书末）

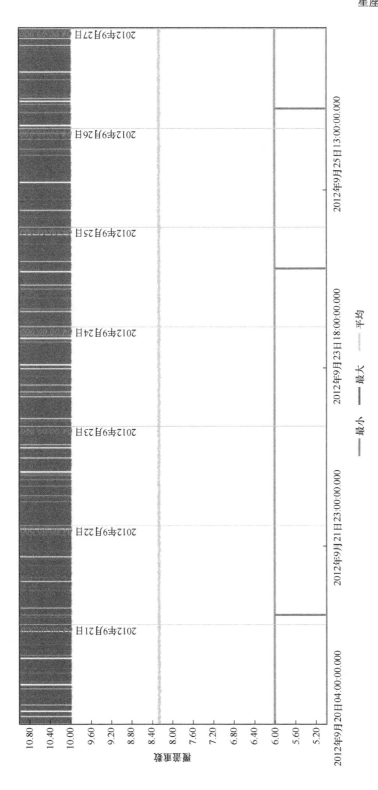

图 6-8 初始升交点赤经偏移 8° 时全球覆盖重数统计值（彩图见书末）

6.3　星座碰撞规避约束

北斗导航系统星座采用了 Walker-24/3/1（13/7）星座构型，如果各轨道面卫星的相位漂移量较大，异轨道面的 2 颗卫星可能同时经过轨道交点，发生卫星碰撞。因此必须对各卫星的相位角漂移量进行约束，避免发生交点碰撞。本节定义星座交点碰撞最大容许漂移量为保证各卫星安全过交点的相位角和升交点赤经允许漂移量的最小值。

6.3.1　交点碰撞相位约束

1. 计算两个轨道面的交点相位

取轨道面 P1 和轨道面 P2 为研究对象，假设 P1 在西、P2 在东，可按如下思路计算两个轨道面的交点相对于各自升交点赤经的相位 λ_1 和 λ_2，如图 6-9（a）所示。

假设 $\Omega_1 = 0°$、$\Omega_2 = 120°$，则计算得到交点相位角分别为

$$\lambda_1 = 134.8°, \quad \lambda_2 = 45.2°$$

2. 计算任意卫星过交点时，异轨道面与其最近卫星的最小相位差

令第一轨道面第一颗卫星刚好经过交点，则

$$\begin{cases} u_{11} = \lambda_1 \\ u_{2X} = u_{1X} + 15 \times (X-1) \quad (X = 1, 2, \cdots, 8) \end{cases}$$

此时，与 P2 上与基准最近的卫星需满足条件

$$\mathrm{d}\varphi_{\min} = \min\left(\left|u_{2X} - \lambda_2\right|\right)$$

式中：$\mathrm{d}\varphi_{\min}$ 为最小相位差距离，如图 6-9（b）所示，在标称构型参数下，当 MEO11 过交点时，轨道面 2 上距其最近卫星，其交点相位角 $u_{27} = 59.8°$ 和交点纬度角 $\mathrm{d}\varphi_{\min} = 14.6°$。

3. 计算相位角最大容许漂移量

假设图 6-9（b）中的 2 颗卫星相位角漂移量分别为 Δu_1 和 Δu_2，经过时间 Δt 后两星发生碰撞，根据碰撞条件有

$$\Delta t = \frac{\Delta u_1}{n} = \frac{\mathrm{d}\varphi_{\min} - \Delta u_2}{n}$$

式中：n 为轨道角速度。

从而

$$\Delta u_1 = \mathrm{d}\varphi_{\min} - \Delta u_2$$
$$\Downarrow$$
$$\Delta u_1 + \Delta u_2 = \mathrm{d}\varphi_{\min}$$

根据交点碰撞相位角最大容许漂移量 ε_u' 的定义，有

（1）当 $\Delta u_1 \geqslant \dfrac{1}{2}\mathrm{d}\varphi_{\min}$ 时，$\Delta u_2 \leqslant \dfrac{1}{2}\mathrm{d}\varphi_{\min}$，$\varepsilon_u' = \Delta u_2 \leqslant \dfrac{1}{2}\mathrm{d}\varphi_{\min}$；

（2）当 $\Delta u_1 \leqslant \dfrac{1}{2}\mathrm{d}\varphi_{\min}$ 时，$\Delta u_2 \geqslant \dfrac{1}{2}\mathrm{d}\varphi_{\min}$，$\varepsilon_u' = \Delta u_1 \leqslant \dfrac{1}{2}\mathrm{d}\varphi_{\min}$。

综合可得

$$\varepsilon_u' \leqslant \frac{1}{2}\mathrm{d}\varphi_{\min}$$

因此，只要保证任意一颗卫星的相位角漂移在 $\dfrac{1}{2}\mathrm{d}\varphi_{\min}$ 以内，星座卫星过交点时就可以避免碰撞，即 $\varepsilon_u' = \dfrac{1}{2}\mathrm{d}\varphi_{\min}$。分析过程如图 6-9（c）和图 6-9（d）所示。在标称构型参数下，星座交点碰撞相位角最大容许漂移量为 $\varepsilon_u' = 7.3°$。

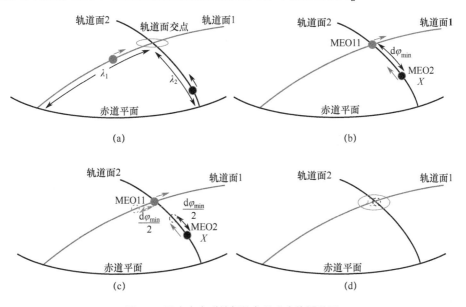

图 6-9 星座交点碰撞相位角最大容许漂移量

（a）、（b）轨道面 1 卫星过交点时刻早于轨道面 2 卫星；（c）、（d）轨道面 1 卫星和轨道面 2 卫星同时过交点。

6.3.2 交点碰撞轨道面约束

考虑各轨道面之间的升交点赤经相对漂移情况，实际上轨道面升交点赤经的变

化，同样会引起轨道面交点位置的变化，进一步影响过交点时刻 2 颗卫星的最小距离。定义升交点约束如图 6-11 所示。

以北斗卫星导航星座为例，对北斗卫星导航星座计算结果如图 6-10 表明，随着轨道面 P1 升交点赤经相对漂移量 $\Delta\Omega_1$ 的增加，轨道交点相位角 Δu_1 逐渐增大，近似呈线性趋势。轨道交点相位角 Δu_2 则逐渐减小，变化趋势与 Δu_1 相反，也呈线性特性。异轨道面卫星过交点时相位角最小距离 $d\varphi_{\min}$ 随 $\Delta\Omega_1$ 的增加逐渐减小，当 $\Delta\Omega_1 = 14°$ 时，$d\varphi_{\min} = 0.45°$，达到最小值，2 颗卫星几乎要碰在一起；此后，随 $\Delta\Omega_1$ 的继续增加，$d\varphi_{\min}$ 逐渐增大。

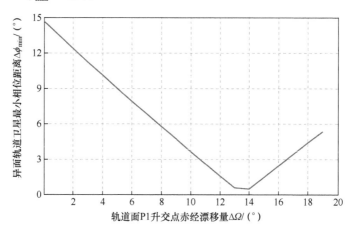

图 6-10　异轨道面卫星最小相位距离变化曲线

分析还发现：①当 P1 升交点赤经相对漂移量 $\Delta\Omega_1$ 逐渐减小时，Δu_1、Δu_2 和 $d\varphi_{\min}$ 的变化趋势正好与上述规律相反，但轨道面 P1 与轨道面 P3 的 2 颗卫星过交点时的最小相位距离是逐渐减小的，因此上述结论仍然成立；②当轨道面 P2 的升交点赤经也发生漂移时，实际可等效为对 P1 升交点赤经相对漂移 $\Delta\Omega_1'$，当 P2 向西漂移 $\Delta\Omega_2$ 时，$\Delta\Omega_1' = \Delta\Omega_1 + \Delta\Omega_2$，当 P2 向东漂移 $\Delta\Omega_2$ 时，$\Delta\Omega_1' = \Delta\Omega_1 - \Delta\Omega_2$，故上述分析结果仍然适用。

上述研究表明，某一轨道面升交点赤经的漂移同时也会影响到星座交点碰撞相位角最大容许漂移量的大小。在确定交点碰撞"死区"时，要同时考虑相位角和升交点赤经漂移两个方面因素，在尽量保持较为宽松的升交点赤经漂移范围的同时，也为相位角留有足够的漂移空间。

ε_u' 与 ε_Ω' 的匹配关系如表 6-2 所列。综合考虑，经摄动补偿设计后 10 年寿命期内中高轨星座相对漂移特性，得到 24/3/1(13/7)标称星座的交点碰撞最大容许漂移量初步计算结果：相位角最大容许漂移量为 5.6064°，升交点赤经最大容许漂移量为 3.0°，如图 6-11 所示。

表 6-2 星座交点碰撞"死区"匹配关系

$d\varphi_{min}$	ε'_u	ε'_Ω
14.6242	7.3121	0.0
13.4754	6.7377	1.0
12.3383	6.1692	2.0
11.2127	5.6064	3.0
10.0985	5.0493	4.0
8.9956	4.4978	5.0
7.9038	3.9519	6.0
6.8231	3.4115	7.0
5.7532	2.8766	8.0
4.6940	2.3470	9.0
3.6454	1.8227	10.0

升交点赤经允许偏差

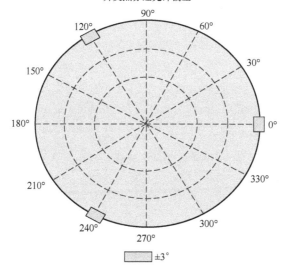

$\square$ ±3°

图 6-11 升交点赤经最大容许漂移量 3°

6.4 星座构型维持频次估计

对于北斗卫星导航系统星座,地球非球形引力摄动、日月三体引力摄动和太阳辐射压力摄动对轨道半长轴、偏心率和倾角的长期影响很小,而对轨道升交点赤经和相位角存在长期作用,故可用卫星之间的升交点赤经和相位角的变化来描述中高轨星座构型的稳定性。通过综合考虑"星座对地覆盖最大容许漂移量"和"星座交点碰撞最大容许漂移量"两项因素,确定北斗全球导航系统星座构型维持最大容许漂移量指标：升交点赤经最大容许漂移量为 3°，相位角最大容许漂移量为 5°。通过对标称轨道分析发现，不同轨道面卫星的升交点赤经相对变化量随时间近似呈线性增大趋势，10 年寿命期最大相对漂移量约为 3°；不同轨道面卫星的相位角相对漂移量存在差别，最大漂移量达到 15°，但通过理想的轨道偏置设计，10 年寿命期可以保持最大相对漂移量在 5° 以内。

但是，在工程实际中，容忍全系统各项单项指标存在偏差误差是理论走向实践的必然。星座发射部署和轨道组网捕获过程存在火箭入轨偏差和轨道捕获偏差，前者由运载火箭射向和窗口精度决定，包括轨道倾角（i）和升交点赤经（Ω）误差，后者由测控系统轨道计算误差和卫星平台控制系统执行误差决定，包括半长轴（a）、偏心率（e）、近地点幅角（ω）误差。本节将讨论和估计由星座发射部署和轨道组网捕获误差导致星座构型维持的频次。

偏差是由模型误差、执行部件的设计加工工艺等多种因素造成的，具有很强的随机性，可以认为这个初始轨道偏差服从正态分布，并且 6 个轨道根数都是互相独立的，它们的平均值为标称值。卫星如果捕获后，进行精密定轨得到初始的轨道偏差 $[\Delta a \quad \Delta e \quad \Delta i \quad \Delta \omega \quad \Delta \Omega \quad \Delta M]^{\mathrm{T}}$，然后将初始的轨道偏差和时间 t 带入状态转移矩阵的右边得到 t 时刻的轨道偏差，再通过打靶可以估计卫星轨道偏差的分布，进而结合轨道保持精度，估计控制概率以及整个星座的控制频次。

初始轨道偏差包含了上述的入轨偏差和捕获偏差。以北斗导航星座为例，北斗导航卫星的半长轴 a 为 27906km，偏心率 e 为 0.001，i 为 55°，升交点赤经 Ω 分别为 60°、120°、180°。初始的轨道偏差如表 6-3 所列。

表 6-3 初始轨道偏差分布

轨 道 要 素	1σ
半长轴 a/m	20
偏心率 e	0.0003
轨道倾角 i/(°)	0.01
近地点幅角 ω/(°)	0.5
升交点赤经 Ω/(°)	0.3
平近点角 M/(°)	0.5

星座初始轨道捕获偏差打靶分布如图 6-12 所示。

将初始的轨道偏差和时间 t 代入状态转移矩阵的右边得到 t 时刻的轨道偏差，再通过打靶可以估计卫星轨道偏差的分布，进而结合轨道保持精度，估计控制概率以及整个星座的控制频次。以北斗导航星座为例，在上述初始轨道偏差的情况下，相对相位的控制边界保持在 ±2.5°，进行 100 次打靶，结果如图 6-13 所示，3 年内的控制概率为 1%，整个星座的控制频次为 3 年内控制不超过 1 次。

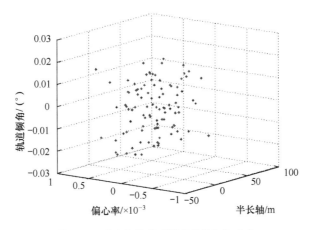

图 6-12 星座初始轨道捕获偏差打靶分布

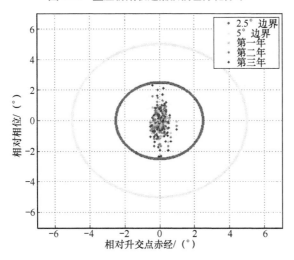

图 6-13 星座相对升交点赤经和相对相位漂移预测

6.5 卫星相位维持控制

对相位角而言，其漂移运动与卫星某一时刻在轨道面内位置无关，主要受当前时刻轨道面位置的影响，对其进行调整可实现相位角相对漂移运动曲线的整体平移。基于这一特点可得：若不计相位调整控制时长，相位角主动"站位"控制的时机可选在相位角相对漂移出"死区"之前 $[t_0, t_c]$ 的任意时刻。在实际工程中，可综合考虑测控条件和导航星座运控约束，合理优化同一轨道面卫星相位角调整策略，一般采用双脉冲调相控制方案。另外，如果调相控制量较大，可采用"以时间换能量"的方案，即先只实施第一次脉冲，然后卫星恢复正常工作，经过较长一段时间后卫星漂移到指定相位，再实施第二次脉冲，将该卫星轨道参数调整到该轨道面基准星轨道参数上。相位角主动"站位"控制目标是将控后相位角相对漂移曲线整体平移进"死区"范围之内。相位调整控制原理如图 6-14 所示。

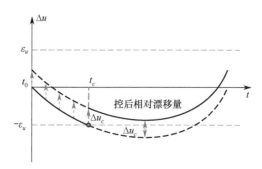

图 6-14　相位调整控制原理

相位保持包括同一轨道面内的相位保持和轨道面间的相位保持。由于单独控制升交点赤经所需推进剂量过大，因此不对升交点赤经进行控制。为了满足轨道面间相位差的要求，可通过升交点赤经预偏置来实现。只对轨道面内相位进行控制，相位控制通过半长轴控制来实现。北斗卫星导航星座任意相邻卫星相对相位角维持在标称值 ±5° 范围内，相位相对摄动运动方程为

$$\Delta\dot{\theta} = \frac{\partial\dot{\theta}}{\partial a}\cdot\Delta a + \frac{\partial\dot{\theta}}{\partial e}\cdot\Delta e + \frac{\partial\dot{\theta}}{\partial\Omega}\cdot\Delta\Omega + \frac{\partial\dot{\theta}}{\partial i}\cdot\Delta i$$

对于北斗导航星座，相对相位变化率主要是由中高轨卫星轨道半长轴捕获误差、偏心率和倾角射入误差（入轨后升交点和倾角不进行控制）引起的，设半长轴捕获误差为 Δa，偏心率偏差为 Δe，倾角射入误差为 Δi，则相位角相对漂移率方程为

$$\Delta\dot{\varphi} = -\frac{3}{2}\left(\frac{n^*}{a^*}\right)\Delta a + \left(\dot{\omega}\left(\frac{4e}{1-e^2}\right) + \dot{m}\left(\frac{3e}{1-e^2}\right)\right)\Delta e + 2\dot{\Omega}\sin(i)\Delta i$$

对中高轨标称轨道有

$$a^* = 27905.0,\ i^* = 54.74°,\ e = 0.0,\ n^* = \frac{2106.357711}{\pi}\ \text{（（°）/天）}$$

$$\dot{\Omega} = -\frac{0.103102}{\pi}\ \text{（（°）/天）}$$

$$\dot{m} = n - \dot{M} = 0$$

$$\dot{\omega} = \frac{0.059555}{\pi}\ \text{（（°）/天）}$$

则对中高轨轨道，相位角相对漂移率方程为

$$\Delta\dot{\varphi} = \left(-\frac{0.113224747}{\pi}, 0.0, -\frac{0.1684}{180}\right)\begin{pmatrix}\Delta a \\ \Delta e \\ \Delta i\end{pmatrix}$$

如果 8 年寿命期，对相位角不进行控制，维持标称值 ±5° 范围，则对半长轴的捕获精度和对倾角的入轨要求分别是

$$|\Delta a| \leqslant \frac{5}{8 \times 365} \cdot \frac{\pi}{0.113224747} \approx 0.0475 \mathrm{km}$$

$$|\Delta i| \leqslant \frac{5}{8 \times 365} \cdot \frac{180}{0.1684} \approx 1.84°$$

显然，即使倾角的入轨精度能够达到上述要求，但 8 年内位于不同升交点的轨道，其倾角不同摄动规律导致的倾角偏差将大于上述假设。因此，需要对中高轨进行必要的控制，以维持相对相位角在保持范围内。

上述相对运动方程表明：对于相对相位角的维持可以通过调整半长轴和倾角进行控制，但通过倾角调整相位角会消耗过多的燃料，因此，可以采用调整半长轴并兼顾倾角偏差的策略进行必要的相位角维持。

设当前时刻为 T_0，中高轨任意双星相位差为 $\Delta\varphi_0$，要求当 T_f 时刻，双星相位差达成控制目标 $\Delta\varphi_f$，则星座相位角漂移率控制量为

$$\Delta\dot\varphi = \frac{(\Delta\varphi_f - \Delta\varphi_0)}{(T_f - T_0)}$$

例如，相位角调整量为 2.5°，要求在 30 天内达成控制目标，因此，要求相位角漂移率控制量为

$$\Delta\dot\varphi = \frac{(\Delta\varphi_f - \Delta\varphi_0)}{(T_f - T_0)} = \frac{2.5}{30.0} = 0.0833 \quad ((°)/天)$$

为此半长轴的控制量为

$$\Delta a = \Delta\dot\varphi \cdot \frac{\pi}{0.113224747} = 2.31 \mathrm{km}$$

图 6-15 为星座相位角漂移率控制量与轨道半长轴控制量的关系。

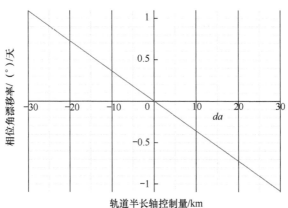

图 6-15　星座相位角漂移率控制量与轨道半长轴控制量的关系

任意相邻卫星相对相位角维持在标称值 ±5° 范围内，由相位相对摄动运动结果可知：中高轨相对相位变化率主要是由中高轨卫星轨道半长轴捕获误差、倾角射入误差引起的，设半长轴捕获误差为 Δa，偏心率偏差为 Δe，倾角射入误差为 Δi，则相位角相对漂移率方程为

$$\Delta\dot\varphi = -\frac{3}{2}\left(\frac{n^*}{a^*}\right)\Delta a + 2\dot\Omega\sin(i)\Delta i$$

对中高轨道，相位角相对漂移率方程为

$$\Delta\dot\varphi = \left(-\frac{0.113224747}{\pi}, -\frac{0.1684}{180}\right)\binom{\Delta a}{\Delta i}$$

卫星寿命期内，如果不进行相位控制，将不能维持相对相位角在保持范围内。相对相位角的维持可以通过调整半长轴和倾角进行控制，但通过倾角调整相位角消耗过多的燃料，因此，可以采用调整半长轴策略进行必要的相位维持。

设当前时刻为 T_0，中高轨任意双星相位差为 $\Delta\varphi_0$，要求当 T_f 时刻，双星相位差达成控制目标 $\Delta\varphi_f$，则星座相位角漂移率控制量为

$$\Delta\dot\varphi = \frac{(\Delta\varphi_f - \Delta\varphi_0)}{(T_f - T_0)}$$

例如，相位角调整量为 $\Delta\varphi$，要求在 n 天内达成控制目标，则相位角漂移率控制量为

$$\Delta\dot\varphi = \frac{(\Delta\varphi_f - \Delta\varphi_0)}{(T_f - T_0)} = \frac{\Delta\varphi}{n} \quad (\text{°}) / \text{天}$$

半长轴的控制量计算公式为

$$\Delta a = \Delta\dot\varphi \cdot \frac{\pi}{0.113224747} = \frac{\Delta\varphi}{n} \cdot \frac{\pi}{0.113224747} \quad (\text{km})$$

在具体实施中，当卫星进入工作轨道时对半长轴进行一定的偏置，保证卫星入轨后很长一段时间内绝对相位变化满足要求（不超过 2.5°），在绝对相位超限前，进行相位保持控制，根据仿真分析，有如下结论。

（1）相位保持控制次数：24 次。

（2）相位保持控制速度增量：0.9m/s。

（3）相位保持控制频度：1 次/10 年。

6.6 轨道面升交点赤经维持控制

对升交点赤经而言，理论上不会出"死区"，若出则主要由初始偏差或控制误差引起，此时可以基准轨道面的当前升交点赤经确定待控卫星所在轨道面的理论位置，并将其升交点赤经控制在该位置附近的"死区"范围之内，如图 6-16 所示。

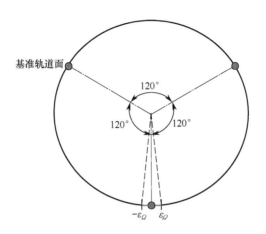

图 6-16 升交点赤经调整控制原理

根据高斯摄动方程，有

$$\Delta i = \frac{r\cos u}{na^2\sqrt{(1-e^2)}} \cdot \Delta v_n$$

$$\Delta\Omega = \frac{r\sin u}{na^2\sqrt{(1-e^2)} \cdot \sin i} \cdot \Delta v_n$$

式中：Δv_n 为法向脉冲；u 为纬度幅角。

要修正轨道升交点赤经，需施加垂直于轨道面的法向力，且为了避免倾角变化，要在 $u=90°$ 或 $u=270°$ 附近 u 的对称弧段施加脉冲。

中高轨卫星对交点回归经度不进行维持控制，仅维持轨道面相对赤经差在标称值 ±5° 范围内，由赤经相对摄动运动方程可知：中高轨相对赤经变化率主要是由中高轨卫星轨道半长轴捕获误差、偏心率和倾角射入误差（入轨后升交点和倾角不进行控制）引起的，设半长轴捕获误差为 Δa，偏心率偏差为 Δe，倾角射入误差为 Δi，则升交点赤经相对漂移率方程为

$$\Delta\dot{\Omega} = \dot{\Omega}\left(\left(-\frac{7}{2a^*}\right)\Delta a + \left(\frac{4e}{1-e^2}\right)\Delta e - \tan(i)\Delta i\right)$$

对于中高轨标称轨道，有

$$a^* = 27905.0,\ i^* = 54.74°,\ e = 0.0,\ n^* = \frac{2106.357711}{\pi}\ （(°)/天）$$

$$\dot{\Omega} = -\frac{0.103102}{\pi}\ （(°)/天）$$

升交点赤经相对漂移率方程简化为

$$\Delta\dot{\Omega} = \left(\frac{0.0000129}{\pi}, -\frac{0.145832}{180}\right)\begin{pmatrix}\Delta a \\ \Delta i\end{pmatrix}$$

如果零窗口发射，轨道面间赤经差满足标称轨道设计值，如果在 8 年卫星寿命

期内对相对升交点赤经不进行控制,那么半长轴和偏心率偏差就不是引起轨道面相对赤经摄动的主项,要求倾角入轨精度小于 0.04°,而且倾角的摄动在 8 年内,不同升交点赤经轨道存在不同的倾角摄动运动规律。因此,8 年对中高轨道不进行控制,并维持相对赤经差在 ±5° 范围,是非常困难的。

上述相对运动方程表明:对于相对赤经差的维持可以通过调整半长轴和倾角进行控制,当然,也可以通过直接进行升交点赤经控制实现。

假设 T_0 时刻相邻轨道面赤经差为 $\Delta\Omega_0$,希望在 T_f 时刻赤经差达到 $\Delta\Omega_f$,则要求赤经差漂移率为

$$\Delta\dot{\Omega} = \frac{(\Delta\Omega_f - \Delta\Omega_0)}{(T_f - T_0)}$$

仅利用调整半长轴控制,半长轴控制量为

$$\Delta a = \left(\frac{\pi}{0.0000129}\right) \cdot \left(\frac{\Delta\Omega_f - \Delta\Omega_0}{T_f - T_0}\right)$$

仅利用调整倾角控制,倾角控制量为

$$\Delta i = -\left(\frac{180.0}{0.145832}\right) \cdot \left(\frac{\Delta\Omega_f - \Delta\Omega_0}{T_f - T_0}\right)$$

假设相对升交点赤经的控制量为 $(\Delta\Omega_f - \Delta\Omega_0) = 2.5°$,要求在 10 年内达成控制目标,则要求升交点赤经相对变化率为 $\Delta\dot{\Omega} = 0.00085$ ((°)/天),则利用半长轴、倾角和直接升交点赤经控制的控制量如表 6-4 所列。

表 6-4 升交点赤经维持控制方式

控制方式	控制方法	控制方向	控 制 量	速度增量/ (m/s)
半长轴	间接控制相对漂移量	切向控制	207km	13.9
倾角	间接控制相对漂移量	法向控制	1.04°	66.0
升交点赤经	直接控制赤经差	法向控制	2.5°	134.6

上述分析表明:利用相邻轨道面半长轴差或倾角差间接控制轨道面升交点赤经差,对中高轨相对升交点赤经并不有效。利用适当的倾角偏置策略,可以适当延长相对升交点赤经维持控制的周期。

6.7 小结

本章根据地面覆盖指标、几何 DOP 值和星座卫星安全等要素,讨论了允许星座发生多大程度的结构变异,提出了以赤经和相位角方向最大容许漂移量作为衡量星座构型变异度量,给出了北斗卫星导航星座构型保持控制指标。可以概括总结如下。

(1)综合考虑"星座对地覆盖最大容许漂移量"和"星座交点碰撞最大容许漂移量"两项因素,确定中高轨全球导航系统 24/3/1(13/7)标称星座的轨道维持最大

容许漂移量初步指标：升交点赤经最大容许漂移量为 3°，相位角最大容许漂移量为 5°。

（2）按照常规主动控制思想，根据导航星座维持 6 重以上覆盖性能"死区"指标（$\varepsilon_\Omega = 3°$ 和 $\varepsilon_u = 5°$），中高轨全球导航系统 24/3/1(13/7) 标称星座的轨道（$\Omega_{10} = 0°$、$\Omega_{20} = 120°$、$\Omega_{30} = 240°$），10 年寿命期星座各轨道面的升交点赤经可不进行控制，第一、第二轨道面卫星相位角至少需进行 1 次轨道维持，才能保证整体星座构型的稳定性。

（3）当 3 个轨道面初始升交点赤经分别位于 55°、175° 和 295° 附近时，各轨道面在主要摄动力作用下的参数漂移运动的非线性程度较小，经初始参数偏置摄动补偿后，10 年寿命期内 3 个轨道面相位角相对漂移量分别在 0°、4° 和 -4° 左右，可满足相位角最大容许漂移量 5° 的"死区"要求，理论上 10 年内可不进行轨道维持。

（4）对有可能超出相位角容许漂移量"死区"的卫星，可采取初始相位角偏置的方法，使其相位角相对漂移量曲线整体平移进"死区"范围之内，从而达到寿命期内不对相位角进行维持的目的。

（5）为增强星座构型自稳定性，在 10 年寿命期后需要重新计算星座的初始参数偏置量，制定下一个 10 年的星座构型摄动补偿方案，并对星座进行构型调整。

参考文献

[1] 姜宇, 李恒年, 宝音贺西. Walker 星座摄动分析与保持控制策略[J]. 空间控制技术与应用, 2013, 39(2): 36-41.

[2] 钱山, 李恒年, 伍升钢. MEO 非共振轨道导航星座摄动补偿控制[J]. 国防科技大学学报, 2014, 36(2): 53-60.

[3] 吴云华, 刘睿鹏, 华冰, 等. 全球限时重访星座构型设计[J]. 计算机仿真, 2020, 37(2): 87-91, 101.

[4] 王许煜, 胡敏, 赵玉龙, 等. 星座备份策略研究进展[J]. 中国空间科学技术, 2020, 40(3): 43-55.

[5] 李卫军. 北斗二代混合星座数据质量分析[J]. 北京测绘, 2019, 33(12): 1532-1534.

[6] 徐家辉, 胡敏, 张竞远, 等. 中轨道导航卫星废弃轨道优化设计[J]. 航天控制, 2019, 37(6): 42-47.

[7] 李全军, 银炜, 赵亮. IGSO 导航星座相位保持控制技术研究[C]. 西安: 第六届中国卫星导航学术年会论文集, 2015: 16-19.

07 / 第7章 星座构型重组策略

7.1 概述

本章讨论星座构型重组策略问题。当星座中出现卫星失效及网络覆盖率下降时，为保证重点区域的覆盖率，需要重组星座构型，必要时还需进行发射补网和备份卫星补网，针对这一问题，本章研究星座单颗和 2 颗卫星失效后的运行控制策略。主要研究内容包括：一是针对重组机动控制的基本需求开展预先研究，对北斗二号导航星座中大范围轨道机动控制提出优化、安全的重组控制策略；二是备份卫星轨道的选择和控制策略，研究备份卫星的生存轨道选择，既要考虑主卫星和备份卫星的安全，又要兼顾在需要时快速承担主卫星的功能。

7.2 星座构型重构需求

在星座部署完成后，星座的完整性将受到卫星可靠性的影响。当出现失效卫星时，需要启用备份卫星、发射新卫星或者调整已有卫星，改善或者修复星座的工作性能。另外，由于任务需求发生改变，包括目标区域的改变、工作性能需求的增强等因素的变化，需要将星座从已有构型变化到新任务需求的目标构型，这个过程包括简单的星座构型的改变、在已有星座构型上发射新卫星、在新卫星和已有星座卫星基础上重新设计新构型。上述情况都涉及了星座从初始构型变换到另一种构型的轨道调整过程，称为"星座构型重构"。在此将包含备份卫星和正常工作卫星的星座构型称为星座"初始构型"。

星座构型变换重构控制一般必须保证星座在过渡过程中能够对目标区域提供正常服务，至少服务性能不出现大的下降。因此，星座构型变换控制策略的优化设计需要综合考虑重构时间、推进剂消耗、星座工作性能的改善和修复以及重构过程对星座工作性能的影响等多方面的因素，是一个多目标、多约束的优化设计过程。

从星座构型重构控制任务需求的角度考虑，星座构型失效重构控制必须考虑以下几个主要问题。

（1）重构控制的成本代价。考虑到所携带推进剂剩余量以及推进剂消耗对卫星工作寿命的影响，对于星座构型的失效重构通常只考虑同轨道面内卫星的重构控制，对于轨道面间的重构控制应该尽量避免。

同轨道面内卫星的失效重构主要是沿航迹的相位角进行重构控制。通过星座构型的重构控制使星座性能得到一定程度的修复或者优化。星座重构控制的推进剂消耗和时间消耗是相互矛盾的，容许的重构控制时间越短，重构控制需要消耗的推进剂越多；反之，通过延长重构控制时间将能够降低推进剂的消耗量。

当某一轨道面存在多颗卫星失效且严重影响到星座性能时，如出现较大的覆盖间隙且在发射新的卫星替换故障卫星遥遥无期的情况下，就必须考虑轨道面之间的卫星转移。虽然轨道面之间的卫星转移需要消耗大量的推进剂，但在紧急情况下为提升星座的短期性能，这种代价也是可以接受的。

（2）重构控制对星座性能的影响。重构控制将导致被调整的卫星暂停服务，从而导致星座性能进一步下降，因此星座重构控制对性能的影响是一个需要考虑的重要因素。星座构型的重构控制应该避免对重点区域性能的影响，并且在不影响星座整体任务性能的条件下以最小的代价完成重构，同时应当使轨道机动次数最少。

（3）重构控制的卫星数目。通过构型重构能够使星座性能得到一定的修复和提高，但是重构卫星数目对燃料消耗、重构时间和星座性能都会产生影响，因此总是希望通过有限数目卫星的重构控制来最大限度提高性能，而并不需要对所有卫星实施重构控制，此时就需要选择合适的策略来确定需要重构的卫星。

（4）星座构型的恢复性。重构控制只是作为星座性能修复和提高的一个短期考虑，当故障卫星的替换卫星部署完成时，星座应该能够重构恢复到基本构型，且恢复基本构型的能力和代价应该在星座构型重构控制策略设计中得到体现。

7.3 失效性能影响分析

根据星座构型中失效卫星数目和所处轨道面，可将星座构型的失效模式分为单颗卫星失效、共面多颗卫星失效和非共面多颗卫星失效三种失效情况。根据失效卫星相位的相邻度又可将星座构型的失效模式分为相邻相位和非相邻相位两种模式。对于实际星座任务，如果不是遭受到主动攻击，同时存在多颗卫星失效的情况是不多见的；而且，对于单颗卫星失效的情况，通常星座构型都给予了一定的冗余设计。因此，本章主要考虑存在 2 颗失效卫星的情况，星座构型失效模式如图 7-1 所示。

（1）相邻相位模式是指失效卫星在星座构型中是相邻的，如图 7-1 中的（a）、（b）就是相邻相位模式。对于结构码为 $N/P/F$ 的 Walker-δ 卫星星座，当失效卫星是共轨道面时，2 颗相邻失效卫星具有下面的关系：

$$\Delta\Omega_{jk} = 0 , \quad \Delta u_{jk} = \frac{2\pi}{S}$$

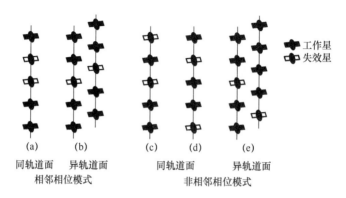

图 7-1　星座构型失效模式

当失效卫星是相邻轨道面时，2 颗失效卫星具有下面的关系：

$$\Delta\Omega_{jk} = \frac{2\pi}{P}$$

$$\Delta u_{jk} = \frac{2\pi}{N}F \quad 或 \quad \Delta u_{jk} = \frac{2\pi}{S} - \frac{2\pi}{N}F$$

（2）非相邻相位模式是指失效卫星在相位差上不满足相邻相位模式的条件，如图 7-1 中（c）、（d）、（e）模式，都属于这种情况。当失效卫星处于相同轨道面时，2 颗相邻失效卫星之间具有下面的关系：

$$\left|\Delta\Omega_{jk}\right| = \left|\Omega_j - \Omega_k\right| = 0$$

$$\Delta u_{jk} = \frac{2\pi}{S}|j-k|, |j-k| > 1$$

当失效卫星是异轨道面时，2 颗失效卫星具有下面的关系：

$$\left|\Delta\Omega_{jk}\right| = \frac{2\pi}{P}|j-k|, |j-k| \geqslant 1$$

$$\Delta u_{jk} = \frac{2\pi}{N}F + \frac{2\pi}{S}|j-k| \quad 或 \quad \Delta u_{jk} = \frac{2\pi}{S} - \frac{2\pi}{N}F + \frac{2\pi}{S}|j-k|$$

卫星失效对星座性能的影响主要包括覆盖性能和载荷（或工作）性能两个方面。研究表明，对于 Walker-δ 星座，单颗失效卫星的位置对全球性能的影响是一致的，但对区域目标的性能影响不一致；对于回归轨道星座，单颗失效卫星所处轨道面与用户之间的关系将会导致星座对不同区域性能的影响不一致；对于存在 2 颗失效卫星的情况，不同的故障卫星"站位"会产生不同的相对构型，因此对星座性能的影响也是不一致的。

针对全球导航系统 24/3/1(13/7)标称星座构型，利用数值分析方法，研究星座构型中存在 2 颗失效卫星情况下的几种典型失效模式对导航星座主要性能指标（5°遮蔽角）的影响，如表 7-1 和表 7-2 所列，其中失效卫星号是指第几轨道面内的第几颗卫星，如"21"指第 2 轨道面内的第 1 颗卫星失效。

表 7-1 同轨道面失效模式对星座性能的影响

模 式	失效卫星号	可用性 (GDOP≤3)/%	覆 盖 重 数			GDOP		
			最小	最大	平均	最小	最大	平均
(1)	无	100	6	11	7	1.787	2.617	2.123
(2)	11\12	93	4	11	7	1.894	4.111	2.335
(3)	**11\13**	**92**	**4**	**11**	**7**	**1.920**	**4.201**	**2.398**
(4)	11\14	92	5	11	7	1.917	3.095	2.320
(5)	11\15	92	5	11	7	1.914	3.005	2.330
(6)	11\16	92	5	11	7	1.920	2.981	2.322
(7)	**11\17**	**92**	**4**	**11**	**7**	**1.895**	**4.252**	**2.395**
(8)	11\18	92	4	11	7	1.909	3.405	2.341

注：GDOP 统计数据样本为一个回归周期各网格点的平均值。

表 7-2 异轨道面失效模式对星座性能的影响

模 式	失效卫星号	可用性 (GDOP≤3)/%	覆 盖 重 数			GDOP		
			最小	最大	平均	最小	最大	平均
(1)	**11\21**	**92**	**4**	**11**	**7**	**1.901**	**7.752**	**2.407**
(2)	11\22	91	5	11	7	1.883	3.267	2.342
(3)	11\23	92	5	11	7	1.919	3.093	2.327
(4)	11\24	91	4	11	7	1.919	4.875	2.359
(5)	**11\25**	**92**	**4**	**11**	**7**	**1.914**	**7.595**	**2.415**
(6)	11\26	91	4	11	7	1.905	4.618	2.376
(7)	**11\27**	**92**	**4**	**11**	**7**	**1.912**	**11.466**	**2.491**
(8)	**11\28**	**91**	**4**	**11**	**7**	**1.900**	**6.856**	**2.387**

注：GDOP 统计数据样本为一个回归周期各网格点的平均值。

由上述分析结果可得如下结论。

(1) 在同轨道面失效模式中，(2) 与 (8)、(3) 与 (7)、(4) 与 (6) 出于空间构型相同，故对星座性能的影响近似相同。

(2) 在同轨道面失效模式中，各故障模式对星座导航性能 GDOP 可用性（GDOP≤3）和最小覆盖重数的影响基本相同，但对平均 GDOP 的影响差别较大，当 2 颗失效卫星之间间隔 1 颗卫星（相位角相隔 90°）时，如失效模式 (3) 和 (7) 中，对平均 GDOP 的影响最剧烈。此时，如果将模式 (3) 下的 14 号卫星重构到 13 号卫星站位，即通过重构改变星座构型失效模式为 (4)，此时星座平均 GDOP 的最大值将得到很好的改进。

(3) 在异轨道面失效模式中，各故障模式对星座导航性能 GDOP 可用性（GDOP≤3）和最小覆盖重数的影响基本相同，但对平均 GDOP 的影响差别较大，如在失效模式 (1)、(5)、(7) 和 (8) 中，对平均 GDOP 的影响最剧烈。

（4）同轨道面与异轨道面各种失效模式相比，异轨道面故障模式对星座导航性能的影响通常更大。

7.4 星座重构控制策略

星座中卫星失效的情况可归纳为共面卫星失效和非共面卫星失效两大类。对于非共面多颗卫星失效的情况可分解为多个共面卫星失效的情况处理。对于共面卫星失效的情况又可以分为单颗卫星失效和多颗卫星失效两种情况，在选择星座重构控制策略时，应该根据星座性能对星座构型的需求进行针对性的选择。星座重构控制策略设计原则如下。

（1）在能够满足星座重构以后任务要求的前提下，应该尽量采用调整相邻卫星策略，尤其是只有单颗卫星失效的情况。

（2）对于共面多颗卫星失效的情况，可以首先考虑采用均匀相位策略进行星座重构，如果重构以后星座性能不能满足任务要求，再采用均匀星座策略进行星座重构。

（3）在采用均匀星座策略进行星座重构时，可以在满足星座重构以后任务要求的前提下，对需要进行卫星相位调整的各轨道平面混合使用调整相邻卫星策略和均匀相位策略。

（4）如果采用均匀星座策略仍然无法达到任务要求时，应该提出需要补星的要求，包括确定补发卫星的数量及其在星座中的"站位"。

星座重构控制优化与设计过程如图 7-2 所示。

基于总的推进剂消耗量、总的重构时间、性能修复强度，考虑星座构型轨道面之间重构控制所需推进剂和时间的约束，在失效卫星所处轨道面内可以采用调整相邻卫星、均匀相位和均匀星座 3 种重构策略。

（1）相邻卫星重构策略。该策略通过重构失效卫星的 1 颗或 2 颗相邻卫星来提高星座性能，如图 7-3 所示。

如果考虑到将来星座长期任务的满"站位"，最好只重构 1 颗相邻卫星。如果失效卫星"站位"的替换卫星的部署无法如期，则可以考虑同时调整相邻的 2 颗卫星。考虑 Walker-δ 星座的第 p 轨道面的第 k 颗卫星失效，则失效卫星相邻卫星的相位角为

$$u_{p,k+1} = u_{p,k} + \frac{2\pi}{S}, \quad u_{p,k-1} = u_{p,k} - \frac{2\pi}{S}$$

式中：S 为轨道面内的卫星数目。假设相邻 2 颗卫星相位重构量为 Δu_{k+1}、Δu_{k-1} Δu_{k+1}、Δu_{k-1}，则得到相邻卫星的目标位置的相位角为

$$u'_{p,k+1} = u_{p,k+1} + \Delta u_{k+1}, \quad u'_{p,k-1} = u_{p,k-1} + \Delta u_{k-1}$$

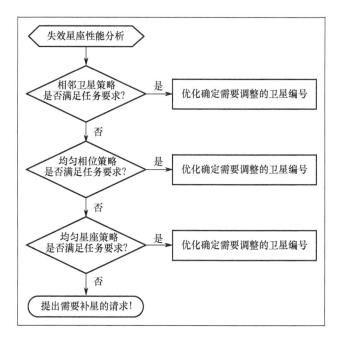

图 7-2　星座重构优化与设计过程

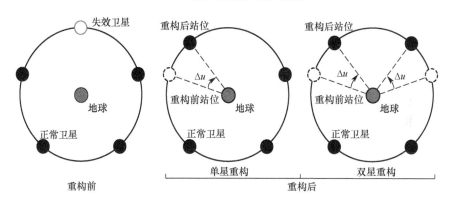

图 7-3　相邻卫星补位重构策略

考虑到轨道面内卫星重构的实际情况，Δu_{k+1}、Δu_{k-1} Δu_{k+1}、Δu_{k-1} 需满足如下约束条件：

$$\left|\Delta u_{k+1}\right| \leqslant \frac{2\pi}{S}$$

$$\left|\Delta u_{k-1}\right| \leqslant \frac{2\pi}{S}$$

对于相邻重构控制模式，是通过重构失效卫星的 1 颗或者 2 颗相邻卫星来提高星座性能的。考虑燃料消耗的均衡性，每颗卫星的相位角重构量应该相同。此时，燃料消耗均衡性指标 $J_{even}=0$，星座重构策略主要考虑的是燃料消耗量和导航性能指标，星座构型重构优化设计变量也退化为每颗相位调整卫星的重构量 Δu。因此，星座构型重构策略规划可表述成如下优化问题（模型一）：

$$\begin{cases} \min J_{synthesis}(\Delta u) = (\lambda_1 J_{propellant} - \lambda_3 J_{perf}) = \min\left(\lambda_1 \cdot n_c \cdot |\Delta u| - \lambda_3 J_{perf}\right) \\ \text{s.t.} \qquad\qquad\qquad\qquad |\Delta u| \leqslant \dfrac{2\pi}{S} \end{cases}$$

式中：n_c 为相位调整的卫星数，$1 \leqslant n_c < S'$。

显然，上述星座构型重构目标规划变成一个单变量设计问题，可以用枚举法等多种优化算法来寻找最优解。

（2）均匀相位重构策略。该策略通过重构失效卫星所在轨道面内的所有卫星来提高星座性能，重构结束时失效卫星所处轨道面内的卫星在轨道面内均匀分布，如图 7-4 所示。

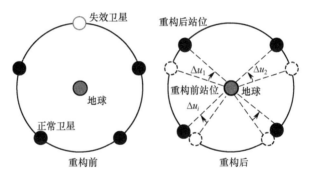

图 7-4　均匀相位重构策略

考虑 Walker-δ 星座的第 p 轨道面的第 k 颗卫星失效，则其他卫星的相位角为

$$u_{p,j} = u_{p,k} + (j-k)\frac{2\pi}{S} \qquad\qquad (j=1,2,\cdots,S;\quad j \neq k)$$

式中：S 为轨道面内的卫星数目。

如果轨道面共有 S' 颗正常卫星，则重构结束卫星目标位置的相位角为

$$u'_{p,j} = u'_{p,k} + (j-k)\frac{2\pi}{S'} \qquad\qquad (j=1,2,\cdots,S';\quad j \neq k)$$

式中：$u'_{p,k}$ 为轨道面内正常卫星中某一颗卫星的目标相位角，通过比较轨道面内卫星的前后位置可以得到每颗卫星的相位角调整量为 $\Delta u_{p,j}$，并且 $|\Delta u_{p,j}| \leqslant 2\pi/S$ $|\Delta u_{p,j}| \leqslant 2\pi/S$，从而可以评估轨道面内相位角重构所需的燃料消耗、控制时间。

（3）均匀星座重构策略。当轨道平面内连续失效卫星数量较多时，无论是采用调整相邻卫星策略还是均匀相位策略，缺失卫星的轨道平面内都会存在较大的覆盖间隙。如果能够从相邻轨道平面上调整一些卫星到受损轨道平面内，再以均匀相位策略进行星座重构，会使得整个星座的卫星分布趋于均匀，这就是均匀星座重构策略，如图 7-5 所示。

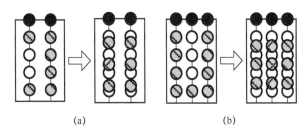

图 7-5　均匀星座重构策略

（a）2 颗卫星失效；（b）3 颗卫星失效。

对于均匀相位重构控制模式，重构结束后失效卫星所处轨道面内的卫星在轨道面内均匀分布。考虑到均匀相位具有结构上的对称性，不管各卫星如何调整，最终得到的重构构型对全球导航特性是一致的。此时，导航性能指标 $J_{\text{perf}} = \text{const}$ ，星座重构策略主要考虑的是燃料消耗量和燃料消耗均衡性。

7.5　均匀相位重构控制

下面分别从星座重构控制策略规划所包含的两个方面的工作，讨论均匀相位重构控制模式的工程实现方法。

1. 最优目标构型设计

该项工作主要是确定星座卫星目标相位分布方案。对于均匀相位重构控制模式，重构前各卫星相位 $u_{p,j}$ 可重新定义为

$$u_{p,j} = u_{p,k_0} + (j - k_0)\frac{2\pi}{S} \qquad (j = 1, 2, \cdots, S; \quad j \neq k_0 \neq k)$$

式中：k_0 为轨道面内某一颗正常卫星，在此称为"基准卫星"。

重构结束卫星目标位置的相位角 $u'_{p,j}$ 为

$$u'_{p,j} = u'_{p,k_0} + (j - k)\frac{2\pi}{S'} \qquad (j = 1, 2, \cdots, S'; \quad j \neq k_0)$$

式中：u'_{p,k_0} 为基准卫星目标相位角。

实际上，$u'_{p,j}$ 仅由基准卫星 k_0 的目标相位角 u'_{p,k_0} 决定。因此，可选择 u'_{p,k_0} 作为最优目标构型设计的优化变量，且 $u_{p,k_0} \leq u'_{p,k_0} \leq u_{p,k_0} + 2\pi/S$ 。

2. 最优调整控制序列

在某一星座重构目标相位分布方案下，从 $u_{p,j}$ 到 $u'_{p,j}$ 的最优控制实际上又是一

层优化问题，实现的是重构前 S' 个相位到重构后 S' 个目标相位的轨道转移，其中转移前后卫星相位序号可以一一对应，也可以不一一对应，如图 7-6 所示。

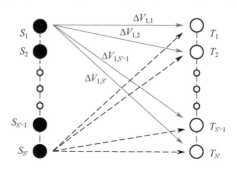

图 7-6　相位调整控制序列示意图

此时，S' 个卫星的相位调整序列优化设计问题，实际上是典型的"分配"问题。若以 $\Delta X = (\Delta u_1, \cdots, \Delta u_{S'})^{\mathrm{T}}$ 为优化变量，该最优控制序列设计可表述成如下优化问题（模型二）：

$$\begin{cases} \min J_{\text{synthesis}}(\Delta X = (\Delta u_{p,1}, \cdots, \Delta u_{p,S'})^{\mathrm{T}} \mid u'_{p,j}) = (\lambda_1 J_{\text{propellant}} + \lambda_2 J_{\text{even}}) \\ \text{s.t.} \qquad \Delta u_{p,j} = u'_{p,i} - u_{p,j} \qquad 1 \leqslant i,j \leqslant S' \end{cases}$$

该分配问题共存在 $S'!$ 个可行解，可采用枚举法求解，共需要搜索 $S'!$ 次，计算量较大。在实际应用中，根据中高轨导航星座构型对称性特点和燃料最省的要求，可增加约束条件 $|\Delta u_{p,j}| \leqslant \dfrac{2\pi}{S}$，加快寻优速度。新的优化模型如下：

$$\begin{cases} \min J_{\text{synthesis}}(\Delta X = (\Delta u_{p,1}, \cdots, \Delta u_{p,S'})^{\mathrm{T}} \mid u'_{p,j}) = (\lambda_1 J_{\text{propellant}} + \lambda_2 J_{\text{even}}) \\ \text{s.t.} \qquad \Delta u_{p,j} = u'_{p,i} - u_{p,j} \qquad 1 \leqslant i,j \leqslant S' \\ \qquad\qquad |\Delta u_{p,j}| \leqslant \dfrac{2\pi}{S} \end{cases}$$

拍卖算法（the auction algorithm）是求解"分配"问题的有效方法，简便易行，可考虑用它求解上述优化问题，本小节后续内容将详细介绍拍卖算法的原理和流程。但经过分析发现，用拍卖算法来求解上述问题还存在一定困难。拍卖算法考虑的是从 $u_{p,j}$ 到 $u'_{p,j}$ 的控制代价最小，优化矩阵的元素为 $\Delta u_{p,j}$，最终体现的是指标 $J_{\text{propellant}}$；而指标 J_{even} 与整个控制序列 $\Delta X = (\Delta u_{p,1}, \cdots, \Delta u_{p,S'})^{\mathrm{T}}$ 相关，仅对 1 颗卫星的一种分配方案无法进行计算，不能在某一矩阵元素中描述。

在满足导航性能的前提下，星座构型重构控制过程燃料最省要求仍然是最重要的，故考虑对 $J_{\text{propellant}}$ 和 J_{even} 指标约束进行调整，即"在燃料消耗最省的条件下，各卫星燃料尽量平衡使用"，这对优化过程的约束指标稍作放松，但仍符合工程实际要求。此时，在本层优化过程中仅考虑指标 $J_{\text{propellant}}$，而指标 J_{even} 则在上一层优化过程中体现。修正优化模型如下：

$$
\begin{cases}
\min J_{\text{synthesis}}(\Delta X = (\Delta u_{p,1},\cdots,\Delta u_{p,S'})^{\mathrm{T}} \mid u'_{p,j}) = J_{\text{propellant}} \\
\text{s.t.} \qquad \Delta u_{p,j} = u'_{p,i} - u_{p,j} \qquad 1 \leqslant i,j \leqslant S' \\
\qquad\qquad |\Delta u_{p,j}| \leqslant \dfrac{2\pi}{S}
\end{cases}
$$

约束条件的 $|\Delta u_{p,j}| \leqslant \dfrac{2\pi}{S}$ 处理，可通过给 $|\Delta u_{p,j}| > \dfrac{2\pi}{S}$ 的单元分配一个较大代价值来解决。

7.6 星座重构控制规划

重构控制策略规划包括两个方面的内容：一是星座重构最优目标构型的设计，即确定星座卫星相位分布方案；二是从初始构型到目标构型的最优调整控制方案设计，即确定星座重构控制序列。这两项设计工作需综合考虑导航性能、燃料消耗与转移时间、燃料消耗均衡性等指标因素，因此星座重构控制策略规划是一个典型的优化问题，可以通过选择优化算法来进行优化设计。在确定的优化指标下，星座重构控制目标规划问题就成为一个典型的优化问题，可以通过选择合适的优化算法来进行优化设计。星座重构控制策略优化设计流程如图 7-7 所示。

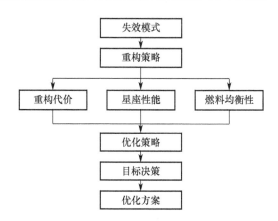

图 7-7　星座重构控制策略优化设计流程

1. 优化变量选择

卫星轨道的相位角重构控制代价能够用两个参数来表征：转移时间 T_{transfer} 和需要消耗的燃料。通常以速度增量 ΔV 表示燃料消耗，ΔV 是独立于卫星质量的变量；而 T_{transfer} 和 ΔV 都将直接影响转移费用。如果转移时间太长，卫星将在很长一段时间内不能提供服务，如果转移的 ΔV 太大，卫星将消耗更多的燃料。因此，相位角重构控制策略优化设计的约束条件和控制目标依赖于 T_{transfer} 和 ΔV。对于给定卫星，这两个量是与相位角控制量 Δu 直接相关的，考虑采用相位角控制量 Δu 作为卫星相位角重构控制成本代价指标。对于整个星座构型重构优化设计变量为

$$\Delta X = (\Delta u_1, \cdots, \Delta u_{S'})^{\mathrm{T}}$$

式中：S' 为失效卫星所处轨道面内的所有正常工作的卫星。

2. 所需燃料与时间的目标函数

星座相位重构代价的最优目标为

$$J_{\text{propellant}} = \min \sum_{j=1}^{S'} \left| \Delta u_j \right|$$

式中：Δu_j 为轨道面内卫星相位角的控制量。

3. 燃料消耗均衡性的目标函数

星座是作为一个整体来完成任务的，必须尽可能地使所有卫星承担相同的控制量来保证星座整体运行性能。对于均匀相位重构策略，必须考虑燃料消耗的均衡性问题，即把星座重构控制任务尽量均匀地分布到轨道面内的所有卫星。燃料消耗均衡性的最优目标为

$$J_{\text{even}} = \min \sqrt{\frac{1}{S'-1} \sum_{j=1}^{S'} \left(\left| \Delta u_j \right| - \Delta \bar{u} \right)^2}$$

式中：$\Delta \bar{u} = \dfrac{1}{S'} \displaystyle\sum_{j=1}^{S'} \left| \Delta u_j \right|$。

4. 导航性能的目标函数　$\Delta \bar{u} = \dfrac{1}{S'} \displaystyle\sum_{j=1}^{S'} \left| \Delta u_j \right|$

星座重构控制的最终目标应该是实现星座性能的提高或修复。对于导航星座可以用最小覆盖重数、DOP 性能、可用性、连续性等性能指标来描述。性能修复能力的最优目标为

$$J_{\text{perf}} = \max \sum_{j=1}^{n} \gamma_j \left| \frac{x_j - x_0}{x_{\text{norm}} - x_0} \right|$$

式中：n 为星座性能项数目；x_0 为无重构控制时星座性能；x_{norm} 为满站位运行时星座性能；x_j 为重构控制后星座性能，γ_j 为性能项 j 在星座性能中的重要程度。

5. 综合目标函数

建立考虑燃料消耗量、燃料消耗均衡性和性能修复能力的综合最优目标：

$$J_{synthesis} = \min(\lambda_1 J_{propellant} + \lambda_2 J_{even} - \lambda_3 J_{perf})$$

式中：λ_1、λ_2 和 λ_3 为三种性能指标的权系数。

7.6.1 枚举法优化方案

星座重构控制策略规划包含的最优目标构型设计和最优调整控制序列设计两个方面，实际上可分解为内外两层优化过程进行求解。其中，最优目标构型设计是外层优化过程，优化变量为基准卫星目标相位角 u'_{p,k_0}，优化指标是 $J_{propellant}$ 和 J_{even}，可采用枚举法进行求解；最优调整控制序列设计是内层优化过程，优化变量为各卫星相位调整量 $\Delta X = (\Delta u_1, \cdots, \Delta u_{S'})^T$，优化指标是 $J_{propellant}$ 和 J_{even}，或者仅是 $J_{propellant}$，可采用枚举法和拍卖算法进行求解。根据内层优化过程采用的优化算法，具体将星座重构控制策略规划分为枚举法方案和拍卖算法方案，枚举法计算流程如图 7-8 所示。

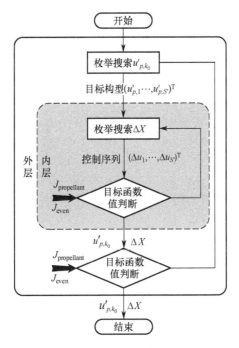

图 7-8　枚举法计算流程

7.6.2 拍卖法优化方案

拍卖算法最早由 Bertsekas 于 1979 年提出，用来解决指派问题（assignment problem），模仿的是现实中的拍卖过程。考虑如下拍卖过程：有 n 个人和 n 件物品，遵循"一对一"的原则实现派对。假设物品 j 的价格为 p_j，要得到这一物品的人必须支付相应的价钱；人 i 对物品 j 派对可获得效益为 a_{ij} ，则纯利润为 $a_{ij} - p_j$ 。在该过程中，每个人都希望获得对自己利润最大的项目 j_i ，即 $a_{ij_i} - p_{j_i} = \max\limits_{j=1,2,\cdots,n}\{a_{ij} - p_j\}$ ，因此必须通过竞争和抬高价格来达到目的，当每个人都满意时，这组派对和这组价格就达到了平衡。对于整体而言，这样的平衡分配提供了最大的总利润，也就达到了整体最优。

星座构型重构确定过程与上述问题类似，目标是给 n 颗卫星重新分配 n 个目标相位，并使构型重构控制的代价最小。这在数学上属于项目分配问题，可用如下模型描述：

$$\min \quad J = \sum_{i=1}^{n}\sum_{j=1}^{n} c_{ij} f_{ij}$$

$$\text{s.t.} \quad \sum_{i=1}^{n} f_{ij} = 1 \;\; (j=1,2,\cdots,n), \sum_{j=1}^{n} f_{ij} = 1 \;\; (i=1,2,\cdots,n), f_{ij} \geqslant 0$$

式中： f_{ij} 为第 i 人分配 j 项目的状态；1 为分配；0 为未分配； c_{ij} 为第 i 人完成 j 项目付出的成本。各种分配情况下的成本集合可写成如下矩阵形式：

$$A = \begin{bmatrix} c_{11} & c_{12} & \cdots & c_{1n} \\ c_{21} & c_{22} & \cdots & c_{2n} \\ \vdots & \vdots & \ddots & \vdots \\ c_{n1} & c_{n2} & \cdots & c_{nn} \end{bmatrix}$$

因此，项目分配问题的目标就是使矩阵 A 中每行每列出一个元素的和最小。

在星座相位重构问题中，"卫星 i"相当于上述模型中的"人 i"，"目标相位 j"相当于模型中的"物品 j"，卫星 i 从当前相位到目标相位 j 的控制代价（如相位调整量 Δu_{ij} ）相当于模型中的代价 c_{ij} 。因此，星座构型重构目标相位优化的代价矩阵为

$$A = \begin{bmatrix} \Delta u_{11} & \Delta u_{12} & \cdots & \Delta u_{1n} \\ \Delta u_{21} & \Delta u_{22} & \cdots & \Delta u_{2n} \\ \vdots & \vdots & \ddots & \vdots \\ \Delta u_{n1} & \Delta u_{n2} & \cdots & \Delta u_{nn} \end{bmatrix}$$

该分配问题的求解过程用竞标机制来解释更为方便。该类拍卖算法本质上包括两个阶段：竞标和任务指派。在竞标阶段，每个项目的竞标价为 $p_1, p_2, \cdots, p_n$ ，每个未获指派项目的竞标人会寻找对自己利润（ $p_j - c_{ij}$ ）最大的项目，并以更低的价格对该项目进行投标，此过程促使项目的标价不断降低，直到每个人都找到适合的项目，且互不冲突，则这些项目就分别指派给相应的人。

该过程中新价格降低的方案为

降价幅值 = 最大利润 − 第二大的利润 + ε

式中：ε 为一个固定的正数，目的是避免实际运算过程陷入死循环，以保证新的竞标价至少比上一次的标价降低 ε。

拍卖算法的具体求解过程如图 7-9 所示。

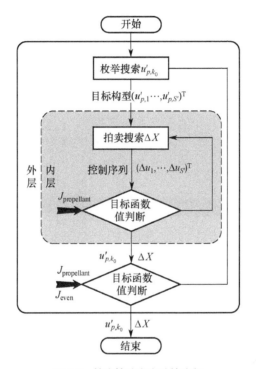

图 7-9 拍卖算法方案计算流程

第一步：给定 n 个项目的初始标价为 $p_1, p_2, \cdots, p_n$，S 为已经完成竞标的人和项目的组合（已经将第 j_i 个项目分配给第 i 个人），开始 S 为空。

第二步：每个人依次计算各项目对其利润 $p_j - c_{ij}$，选择利润最大的项目，更新该项目的竞标价，并将该组合添加进 S。假设对第 i 人而言，第 k_i 个项目的利润是最大的，即

$$p_{k_i} - c_{i,k_i} \geqslant p_j - c_{i,j} \qquad (j, k_i = 1, 2, \cdots, n; j \neq k_i)$$

式中：k_i' 为利润次优的项目，即 $p_{k_i'} - c_{i,k_i'} \geqslant p_k - c_{i,k}$，$k \neq k_i$，定义 $\Delta k_i = (p_k - c_{i,k}) - (p_{k_i'} - c_{i,k_i'})$，则第 i 个人对第 k_i 个项目的竞标价为 $p_{k_i} - \Delta k_i - \varepsilon$。

第三步：当 n 个人都完成一次搜索后，根据 S 的状态判断是否每个人都分配到了不同的项目。如果是，停止计算，S 中存储的分配方案就是最优的；否则，清空 S，按照各项目的新标价返回第二步。拍卖算法方案计算流程如图 7-9 所示。

7.7　重构案例分析

针对北斗卫星导航星座 Walker/24/3/1(13/7)标称星座构型，进行相邻相位重构
策略和均匀相位重构策略的重构方案设计。假设导航星座第一个轨道平面内有 2 颗
卫星失效，且第一颗失效卫星为 11，则存在 2 颗失效卫星的所有组合对星座主要
性能指标（5°遮蔽角）的影响如表 7-3 所列。

表 7-3　同轨道面内 2 颗失效卫星对星座性能影响

模　式	失效卫星号	可用性（GDOP≤3)/%	覆 盖 重 数			GDOP		
			最小	最大	平均	最小	最大	平均
F1	11\12	93	4	11	7	1.894	4.111	2.335
F2	**11\13**	**92**	4	11	7	**1.920**	**4.201**	**2.398**
F3	11\14	92	5	11	7	1.917	3.095	2.320
F4	11\15	92	5	11	7	1.914	3.005	2.330
F5	11\16	92	5	11	7	1.920	2.981	2.322
F6	**11\17**	**92**	4	11	7	**1.895**	**4.252**	**2.395**
F7	11\18	92	4	11	7	1.909	3.405	2.341

注：GDOP 统计数据样本为一个回归周期各网格点的平均值。

从表 7-3 中可以看出，对于轨道面内同时存在 2 颗失效卫星的所有组合情况，
组合 F2 和 F6 对星座性能衰减最厉害。进一步分析发现，对于该星座如果同轨道面
内 2 颗失效卫星的相位角距为 90°，则同轨道面内 2 颗失效卫星对星座性能的影响
最剧烈。此时，希望通过轨道面内卫星的相位重构控制来实现星座性能的提高和修
复。下面以失效组合 F2 为例进行重构策略设计分析。

1. 采用相邻相位重构策略

采用相邻相位重构策略得到星座构型优化设计结果如表 7-4 所列。

表 7-4　相邻相位重构策略优化设计结果

方　案	重构卫星号	相位角重构量/(°)	初始相位/(°)	重构后相位/(°)
A	14	−45	135	90
B	14	−27	135	108
	18	27	315	342

2. 采用均匀相位重构策略

采用均匀相位重构策略得到星座构型优化设计结果如表 7-5 所列。

表 7-5　均匀相位重构策略优化设计结果

方　案	重构卫星号	相位角重构量/(°)	初始相位/(°)	重构后相位/(°)
C	12	45	49	4
	14	135	109	−26
	15	180	169	−11
	16	225	229	4
	17	270	289	19
	18	315	349	34

　　综合考虑重构卫星数、总的控制代价以及燃料消耗量，可以知道，方案 A 只需调整 1 颗卫星，相位角重构量为 45°，即将第一轨道面第 4 颗卫星重构到第 3 颗卫星的站位上，星座构型重构控制任务都集中在该卫星上。而方案 B 需要调整 2 颗卫星，即第一轨道面的第 4 颗卫星和第 8 颗卫星，每颗卫星的相位角重构量为 27°，该方案降低了每颗卫星重构控制任务，但增加了总的控制代价。方案 C 将失效卫星所在轨道面内卫星均匀分布，总的相位角重构量为 98°，并且不同卫星的重构控制量也不是均衡分布的，因此该方案并不具有优势。

　　如果考虑重构结束后再补充卫星的情况，这时要求星座构型恢复到标称构型，则方案 A 只需直接补充卫星到第 1 颗卫星和第 4 颗卫星的站位；方案 B 要求将不在站位上的 2 颗卫星进行重构，然后来补充 2 颗卫星来恢复标称构型；而对于方案 C，轨道面内的所有卫星都需要经过重构，然后来补充 2 颗卫星才能达到标称构型。因此，从星座构型的恢复性角度来看，方案 A 要优于其他两个方案。

　　星座重构前后，分析星座的 GDOP 和覆盖重数随纬度的变化情况发现，星座重构控制结束后，GDOP 和覆盖重数的性能得到了很大的提高，从 GDOP 性能分析，方案 C 要优于方案 B，而方案 B 又要优于方案 A，如图 7-10、图 7-11 所示。

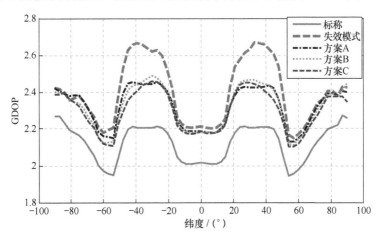

图 7-10　星座重构策略对星座性能的影响（GDOP）

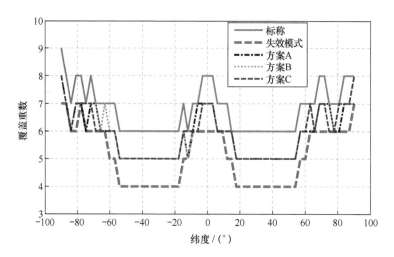

图 7-11　星座重构策略对星座性能的影响（覆盖重数）

7.8　小结

本章研究了星座单颗和 2 颗卫星失效后的运行控制策略。主要研究内容包括：一是针对星座中大范围轨道机动控制提出优化、安全的重组控制策略；二是针对备份卫星轨道的选择和控制策略，研究了备份卫星的生存轨道选择，既要考虑主卫星和备份卫星的安全，又要兼顾在需要时快速承担主卫星的功能，可以概括总结如下。

（1）考虑 2 颗卫星失效的情况，各故障模式对星座导航性能 GDOP 可用性（GDOP≤3）和最小覆盖重数的影响基本相同，但对平均 GDOP 的影响差别较大。对同轨道面的情况，当 2 颗失效卫星之间间隔 1 颗卫星（相位角相隔 90°）时，对平均 GDOP 的影响最剧烈，具有相同空间构型的失效模式对星座性能的影响近似相同。同轨道面与异轨道面各种失效模式相比，异轨道面故障模式对星座导航性能的影响通常更大。

（2）对同轨道面构型控制问题，从重构卫星数、总的控制代价以及燃料消耗量角度分析，相邻卫星重构策略优于均匀相位重构策略；从星座导航性能角度分析，均匀相位重构策略优于相邻卫星重构策略。因此，在实际工程中，根据具体情况选择最优重构控制方案。

（3）综合考虑星座系统可靠性、备份卫星可用性、卫星固有可用度、备份卫星重构控制代价等因素，当卫星可靠度为 0.85 时，要达到星座可靠度 0.85 的指标要求，在 $S_r=1$ 和 $S_r=2$ 两种情况下，每个轨道面备份卫星数至少需要 3 颗。

（4）综合考虑星座系统可靠性、备份卫星可用性、卫星固有可用度、备份卫星重构控制代价等因素，如果要通过提高卫星可靠性达到星座可靠度 0.85 的指标要求，在 $S_r=1$ 和 $S_r=2$ 两种情况下，当采用 6/3/1 备份星座构型时，需要的卫星可靠度最小值为 0.885；当采用 3/3/（相位角距为 120°）备份星座构型时，需要的卫星可靠度最小值为 0.935。

参考文献

[1] 李全军, 银炜, 赵亮. IGSO 导航星座相位保持控制技术研究[C]. 西安：第六届中国卫星导航学术年会论文集, 2015: 16-19.

[2] 宣颖, 项军华, 王岩松, 等. 基于多目标优化算法的导航星座重构控制策略优化设计[C]. 上海：第二届中国卫星导航学术年会, 2011: 1119.

[3] 于彦君, 王峰, 苗悦. 不规则区域成像覆盖星座构型优化设计[J]. 空间科学学报, 2019, 39(04): 494-501.

[4] 计晓彤, 丁良辉, 钱良, 等. 全球覆盖低轨卫星星座优化设计研究[J]. 计算机仿真, 2017, 34(09): 64-69.

[5] 郭超, 邓丽, 胡雅斯. 区域覆盖卫星星座设计[J]. 微型电脑应用, 2014, 30(11): 47-48, 57.

[6] 肖东东. 星座燃料补给问题的轨道优化方法研究[D]. 南京：南京航空航天大学, 2012.

[7] 崔红正, 韩潮. 基于混合蚁群算法的掩星星座优化设计[J]. 上海航天, 2011, 28(05): 18-23, 33.

08 / 第8章
星座备份补网控制

8.1 概述

本章讨论星座备份卫星轨道选择与控制策略问题。首先总结梳理国外典型星座备份方案，提出针对全球导航星座的可能备份轨道设计方案，分析不同备份方案下的备份轨道补网控制策略。冗余度设计使星座在出现故障卫星的情况下，仍然具有良好的性能。在此基础上，为了保证星座长期稳定运行，仍然需要用能够正常工作的卫星替换故障卫星，保证星座的满站位运行状态。备份卫星主要用作对未规划的、不可恢复的故障卫星进行备份。而对于寿命周期终止的卫星应该及时规划新的卫星进行替换，不应该依靠备份卫星来对其进行替换。从理论上分析，星座可靠性的增强可通过提高星座的降阶性能来实现，也可通过提高备份卫星数来实现。在实际中，特别是对于连续性、可用性、可靠性和精度等性能指标都有较高要求的导航星座，星座的冗余性设计和备份策略是同时使用的。本章考虑在星座已经具有冗余设计的情况下来进行星座空间备份策略的优化设计。星座备份策略包括三种模式：在轨备份、停泊轨道备份和按需发射备份，其中前两种统称为空间备份。

8.2 典型星座备份方案

1. 美国 GPS 星座备份方案

按照初期设计，GPS 星座由 24 颗卫星组成，计划在轨备份 3 颗。按照美国全球定位系统标准定位服务标准（Global Positioning System Standard Positioning Service Performance Standard）的要求，GPS 星座必须满足以下条件：24 颗在轨运行卫星必须保持高于 0.95 的可用性（天平均）；24 颗卫星中至少应有 21 颗卫星播发完好的导航信号的概率高于 98%（年平均）。这是 GPS 星座在轨备份与地面备份的基础。

美国空军努力增加在轨卫星的数量，即在按需要进行补网发射的同时，尽可能延长在轨卫星的工作寿命,从而提升 GPS 服务的可靠性与精度。截至 2020 年年底,GPS 共有 36 颗在轨卫星,其中 30 颗卫星在轨服务(包括 8 颗 BLOCK IIR、7 颗 BLOCK IIR-M、12 颗 BLOCK IIF 和 3 颗 GPS III 卫星)。同时,GPS 进行地面备份,在需要时进行补网发射,最多时曾有 3 颗卫星处于地面备份状态。

美国 GPS 星座的在轨与地面备份虽有一定的指导原则,但实际备份情况受补网发射需求、卫星研制、生产等多方面的制约。同时,虽然对 GPS 卫星提出了地面备份的要求(规定条件下,可地面贮存 8 年),但长期的地面贮存对卫星实际在轨工作寿命、运行状态等将产生什么影响并没有进行充分的试验与验证,高价值的卫星产品长期地面备份在经济上是否必要、可行,所有这些问题也值得研究、商榷。

2. 俄罗斯 GLONASS 系统备份方案

近年来,俄罗斯已经开始重建 GLONASS 系统。该系统由空间段、地面段和用户段组成。截至 2020 年 5 月,空间段共有 30 颗卫星在轨,包括 3 颗 GEO 卫星、27 颗 MEO 卫星。其中 MEO 卫星,24 颗在轨运行,2 颗在轨备份,1 颗在轨测试,分布在 3 个轨道面上。轨道高度设计为 19100 km,轨道倾角为 64.8°,有利于保障俄罗斯在本土高纬度范围内地面站对卫星的可观测性和跟踪测轨。

地面段由 2 个系统控制中心、9 个参考站、6 个上行注入站和 3 个激光测距站组成,主要完成卫星轨道测量、时间测量、导航电文生成、遥测遥控等功能。另外,该系统共可为用户提供不同精度的 4 类民用服务,包括水平 5m、高程 9m 的基本服务,1m 的星基增强服务,0.1m 的精密单点定位(PPP)服务,0.03m 的相对测量导航(基于载波相位测量和地面参考站)服务。

与 GPS 一样,俄罗斯 GLONASS 卫星定位系统也是由军方负责研制和控制的军民两用导航定位卫星系统。尽管其定位精度比 GPS、Galileo 系统定位精度略低,但其抗干扰能力却是最强的。由于卫星发射的载波频率不同,GLONASS 可以有效地防止整个卫星导航系统同时被敌方干扰,因而具有更强的抗干扰能力。

3. 欧盟 Galileo 系统备份方案

截至 2020 年年底,伽利略系统共有 26 颗在轨卫星,包括 22 颗完全运行能力卫星和 4 颗在轨验证卫星,其中 1 颗在轨备份卫星。

这些卫星均匀地分布在 3 个夹角为 120° 的轨道面上。地面段由 2 个控制中心、10 个任务上行站、5 个 TT&C 中心和 30～40 个敏感器站组成,保证伽利略系统的正常运行。该系统自 2016 年提供全球初始运行服务以来,服务能力稳中有升,然而伽利略系统曾出现多次异常使其受到广泛质疑,如 2017 年 1 月,伽利略组网卫星上的原子钟出现大规模故障,曾一度对系统安全产生极大威胁;2019 年 7 月,伽利略系统服务中断 117h。

4. 铱星星座备份方案

Motorola 公司投资建造的铱星星座由 66 颗卫星组成，轨道倾角为 86.4°，星座高度为 780km，另外还有 6 颗备份卫星，轨道高度为 648km。星座由 6 个轨道面构成，每个轨道面部署 11 颗工作卫星和 1 颗备份卫星。每个轨道面上各卫星间隔均匀排列，使它们覆盖的星下点轨迹重叠，以提供连续覆盖。当卫星通过地面站上空时，在卫星之间传递通信业务。备份卫星运行在较低的轨道上，需要时，这些备份卫星将替换性能已经退化或出现故障的工作卫星，此时，工作卫星撤离工作轨道，备份卫星便机动到星座中某个相位合适的轨道位置上。

铱星系统一直在发展，并且从 2015 年开始发射。下一代铱星系统将是全球通信卫星系统，由 66 颗卫星，6 颗在轨备份卫星以及 9 颗地面备份卫星组成。新系统与最初设计相比将有更多的扩展功能。铱星系统卫星高度约为 781km，倾角为 86.4°，卫星速度约为 27000km/h。卫星通过 K 波段星间链路与相邻卫星链接。每颗卫星有四条星间链路：其中两条与同轨道面相邻卫星链接，另外两条与相邻轨道面的卫星链接。卫星周期约为 100 分钟。这种设计使得卫星间有很好的可见性，并且服务能覆盖南北极。

铱星系统备份卫星的轨道高度为 666km，当在轨卫星出现故障时，备份卫星将抬高到标称轨道高度并提供服务。铱星公司破产后，新的拥有者决定发射 7 颗新的备份卫星，确保每个轨道面有 2 颗备份卫星。截止到 2009 年，不是每个轨道面都有 1 颗备份卫星，但是，如果需要卫星可以机动到不同的轨道面。机动过程可能要耗费几周的时间并且消耗大量燃料，减少了设计寿命。

5. 全球星星座备份方案

美国劳拉空间系统公司建造的 Globalstar 系统于 1998 年完成组网，目前处于正常运营状态，星座由运行在 8 个轨道面上的 48 颗工作卫星和 8 颗备份卫星组成。每颗工作卫星都处在高度为 1414km、倾角为 52° 的圆轨道内。8 颗备份卫星分布在较低的 900km 轨道上，定期调整备份卫星的轨道平面使之与工作卫星的轨道平面重合，这些备份卫星就能以最小燃耗机动到任意工作轨道位置。备份卫星进行轨道上升机动时，利用 4 个倾斜安装的推力器执行"关"调制来实现轨道和姿态控制，使卫星轨道从 900km 的储备轨道上升到 1414km 的工作轨道。此外，还可利用偏航机动来实现轨道平面外的修正。

综上，可以总结概括以下结论。

美国 GPS 星座各轨道平面均部署 1 颗备份卫星，其轨道高度与工作轨道相同，位于各平面内故障概率最高的卫星附近，且备份卫星在轨发射导航信号。

俄罗斯 GLONASS 星座 3 个轨道平面均部署 1 颗备份卫星，轨道高度与工作轨道相同，备份卫星不参与导航定位服务。

欧盟 Galileo 星座 3 个轨道面各部署 1 颗备份卫星,与工作卫星均匀分布在轨道面内,目前还未部署完成,预计也将在轨发射导航信号。

其他通信卫星星座如 Iridium 星座的备份卫星轨道高度较工作轨道低约 115km,Globalstar 星座备份卫星的轨道高度较工作轨道低约 514km。

8.3 备份卫星轨道设计

为了分析确定我国中高轨备份卫星的轨道方案,需要从备份卫星与工作轨道卫星、临近轨道其他卫星、运载上面级等空间物体的运行安全性以及操作可行性等方面进行研究,需要从临近轨道卫星分布情况、运载发射轨道、在轨卫星轨控情况以及卫星推进剂携带情况等多方面因素进行权衡。

在我国中高轨导航卫星轨道附近运行的主要有俄罗斯 GLONASS 卫星、美国 GPS 卫星以及欧盟 Galileo 系统的多颗卫星,这些卫星星座的轨道高度分布如图 8-1 所示。对中高轨道附近卫星运行统计情况可以得到以下结论。

我国中高轨卫星工作轨道与 20 多颗 GPS 退役卫星的远地点高度较为接近,如果卫星选择降低轨道高度进行备份则存在与多颗 GPS 卫星发生碰撞的风险;在我国飞行试验卫星上空运行着 6 颗 Galileo 卫星,因此我国中高轨卫星可选择抬高轨道高度进行备份,备份轨道介于我国和 Galileo 工作轨道之间较为合理。

为了避免卫星短暂故障、卫星暂停服务、卫星失效等问题导致星座性能下降,一般会将星座设计成"布局过剩",即采用卫星数据冗余度设计策略,即提前将备份卫星部署在星座中间。通常的"过剩布局"设计策略有如下两种。

(1)1 颗卫星过剩布局。在满足任务要求的星座构型基础上,给每个轨道面都增加 1 颗卫星。这样,如果任意一颗卫星短暂停止服务,在不需要调整卫星位置的情况下,星座仍然能够提供满足最低需求的服务,从而为备份卫星重构提供足够的时间。通信星座通常采用 1 颗卫星过剩布局(如 Teledesic)。

(2)2 颗卫星过剩布局。如果星座的可靠性和可用性要求非常高,则可以采用 2 颗卫星过剩布局的策略,即在每个轨道面都增加 2 颗卫星。这种策略通常被用于对服务可用性和可靠性要求都超过 99.99%的任务,例如 GPS 和 GLONASS。除非遭到攻击,3 颗或者更多的卫星在相同轨道面的同一时刻失效的情况是很难出现的,因此,一般不考虑 3 颗卫星的过剩布局。

在轨备份是将备份卫星部署在工作轨道高度,通常情况下要求至少每个轨道面部署 1 颗备份卫星,需要的卫星数目较多。当星座出现故障卫星时,备份卫星只需通过简单的相位调整就能够实现对故障卫星的替换,从而实现对星座性能的快速修复。如果将备份卫星融入星座中,作为轨道面内故障概率最高的一颗工作卫星的伴随星,当工作卫星出现故障时,备份卫星可以立即替换故障卫星工作,而星座性能并不会因为卫星故障而受到影响。同时,该部署方式可有效利用备份卫星来增强星座服务性能。

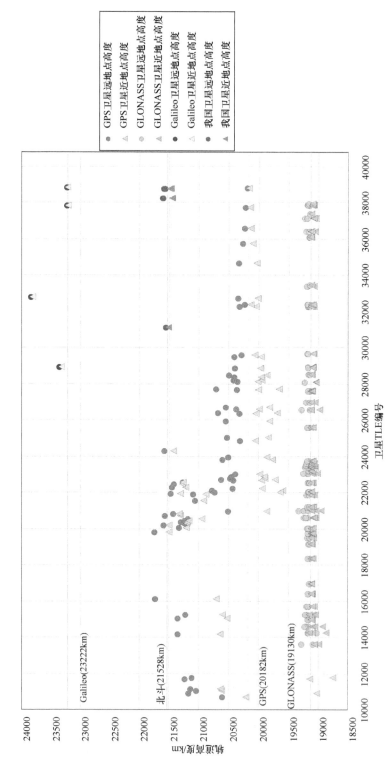

图 8-1　中高轨卫星星座部署高度

停泊轨道备份是将备份卫星部署在与星座标称轨道存在一定轨道差的轨道上，即 $\Delta h \neq 0$。这个高度差导致备份卫星的轨道面相对星座的轨道面不断漂移，这样 1 颗备份卫星可以实现对多个轨道面工作卫星的备份。通常情况下，会根据需要部署多颗备份卫星。为了实现对星座中故障卫星的替换，备份卫星必须完成轨道面的调整、相位调整和轨道高度的提升三个步骤。由于轨道面直接调整的代价很大，通常采用轨道漂移的方式来实现，这样进行故障卫星的替换需要较长的时间。与在轨备份策略的部署模式相比，停泊轨道备份策略对星座性能的增强效果较差。

按需发射备份是将备份星存储在地面，一旦出现故障卫星，则立刻组织发射从而实现星座的补网。这种备份方式需要备份的卫星数目较少，通常 1～2 颗即可。但是，由于发射准备时间很长，因此完成替换的时间也会很长，通常需要几个月到一年甚至更长的时间。按需发射的备份策略通常用于对性能要求不是特别高的星座。

星座备份策略示意图如图 8-2 所示。在两种空间备份策略中，从性能的角度来看，较好的是在轨备份策略，其不仅能够快速替换故障卫星，同时如果备份卫星工作，还能够提供高于任务需求的星座性能。停泊轨道备份在不需要消耗过多燃料的情况下能够实现对故障卫星较为快速的替换，卫星通常是处于休眠状态，只有在替换故障卫星后才开始提供服务。一般来讲，如果一个星座要求非常高的可用性（99.9%或更大），则备份卫星部署在工作轨道将是首选的。反过来，对于可用性要求不高（小于 95%）的星座，则备份卫星部署后停泊轨道将是首选的。这两种备份策略都在实际星座中得到了应用。导航星座一般采用在轨备份模式，这样备份卫星能够增强星座性能；而通信星座更多的是采用停泊轨道备份模式。如 GPS 星座就是将备份卫星部署在故障概率最大的卫星附近，组成卫星组一起工作，当卫星发生故障时，备份卫星就可以在较短时间内，通过一次到两次轨道控制来实现对故障卫星的快速替换。Iridium 星座采用每个轨道面都部署 1 颗备份卫星的策略，备份卫星的轨道高度为 648km，低于其工作轨道（785km）；GlobalStar 星座也是采用每个轨道面都部署 1 颗备份卫星的策略，轨道高度为 900km，低于其工作卫星轨道（1414km）。

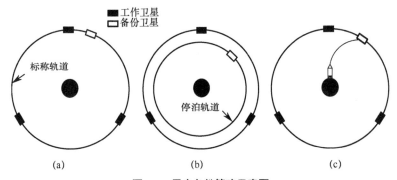

图 8-2　星座备份策略示意图

（a）在轨备份；（b）停泊轨道备份；（c）按需发射备份。

在替换故障卫星后，备份卫星转化为正常的工作卫星，此时需要及时发射新的卫星来作为备份卫星，这个过程需要几个月到 1 年的时间。在备份卫星补充发射期间，如果该轨道面内出现新的故障卫星，在单颗备份卫星策略情况下，故障卫星不能得到及时替换，此时星座性能将会受到影响。如果卫星的可靠性不能等待备份卫星的补充，而新的故障卫星已经出现，此时应该修改星座备份策略，如采用双星备份策略。对于寿命周期终止的卫星应及时规划新卫星替换，而不应该依靠备份卫星来对其进行替换。

备份卫星替换故障卫星的重构控制是与备份卫星的部署轨道密切相关的。此时，星座的重构控制包括了故障卫星的离轨和备份卫星的重构。故障卫星的离轨可以采用推力器控制、系绳等方式来完成。在此主要讨论备份卫星替换故障卫星的星座重构控制。此时备份卫星必须暂时停止工作，星座的重构控制必须综合考虑控制时间、控制速度增量，其中控制时间即为平均替换时间，它反映了备份卫星对星座的修复能力。

按照目前的研制情况，我国中高轨卫星将采用运载火箭携上面级进行发射。运载发射轨道及离轨轨道如下：卫星与上面级分离后，其入轨轨道的近地点位于工作轨道附近，远地点较工作轨道高约 666km；上面级完成离轨机动后的近地点较工作轨道高约 432km，远地点比我国中高轨卫星工作轨道高约 1269km。

未来将有十几个运载上面级长期运行在比我国飞行试验卫星轨道高度高几百千米的上空，为了确保我国中高轨备份卫星在轨运行安全，其轨道高度应避开上面级发射轨道及离轨轨道。按照上述分析，如果我国中高轨备份卫星采用抬高轨道的方式进行备份，那么与工作轨道高度差应小于 432km。

因此，由于轨道控制与长期演化引起的最大高度变化小于 100km。综合分析，如果我国中高轨备份卫星采用抬高轨道的方式进行备份，那么与工作轨道高度差应大于 100km。

8.4　备份卫星轨道补网

当存在失效卫星的情况时，备份卫星转移到故障卫星位置的轨道控制目标是实现备份卫星与故障卫星的位置一致。这个过程需要保证轨道面、轨道高度、轨道相位的一致性，因此备份卫星的重构控制包括相位调整、轨道高度修正、轨道倾角修正三个过程。

由于备份卫星重构控制模型的建立主要是基于有效评价备份卫星替换故障卫星重构代价的目的，因此有必要简化备份策略设计中的重构控制模型。选择下面的备份卫星重构控制过程和方法。

第一步：修正备份卫星在服务轨道上的相位角距，如图 8-3 所示。

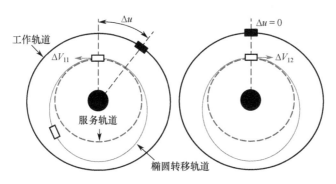

图 8-3　备份卫星在服务轨道上的相位角调整示意图

第二步：通过霍曼（Hohmann）转移达到目标点，如图 8-4 所示。

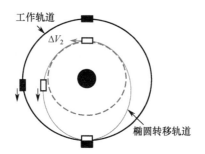

图 8-4　备份卫星从服务轨道到工作轨道的高度调整示意图

第三步：完成轨道倾角偏差修正，如图 8-5 所示。

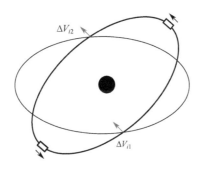

图 8-5　备份卫星在工作轨道的倾角调整示意图

1．相位调整

相位调整是指在服务轨道上对备份卫星的相位进行主动调整，采取这种相位调整方式的原因是，在轨道高度相差 Δh 的条件下，备份卫星与故障卫星的相对相位角变化速率太小，要消除二者之间初始相位角偏差需要较长的时间，无法达到快速替换故障卫星的目的。因此，需要采用椭圆转移轨道相位重构控制实现备份卫星相对较快的调整。

下面对上述结论进行简要证明,并计算备份卫星相位调整时间和重构控制特征速度。

假设轨道面内备份卫星数目为 S_b ,那么备份卫星替换故障卫星的平均相位角距为

$$\Delta u = \frac{2\pi}{S_b} \cdot \frac{1}{2} = \frac{\pi}{S_b}$$

设备份卫星和故障卫星的轨道高度差为 Δh ,标称轨道半长轴为 a ,且 $\Delta h \ll a\Delta h \ll a$,下面首先讨论两个问题。

(1)直接将备份卫星从服务轨道转移到工作轨道的一次霍曼(Hohmann)转移能够消除的相位角 $\Delta \alpha_1$ 的计算如下。

在一次霍曼转移过程中,备份卫星相位角变化量为 $\Delta u_备 = \pi$,转移时间为

$$t_{Hohmann} = \frac{\pi}{\sqrt{\mu}} \left[\frac{a + (a - \Delta h)}{2} \right]^{\frac{3}{2}} = \pi \sqrt{\frac{a^3}{\mu}} \left(1 - \frac{\Delta h}{2a} \right)^{\frac{3}{2}} \approx \pi \sqrt{\frac{a^3}{\mu}} \left(1 - \frac{3}{2} \cdot \frac{\Delta h}{2a} \right)$$

在 $t_{Hohmann}$ 内,故障卫星走过的相位角为

$$\Delta u_故 = t_{Hohmann} \cdot n \approx \pi \sqrt{\frac{a^3}{\mu}} \left(1 - \frac{3}{2} \cdot \frac{\Delta h}{2a} \right) \cdot \sqrt{\frac{\mu}{a^3}} = \pi \left(1 - \frac{3}{4} \cdot \frac{\Delta h}{a} \right)$$

从而有

$$\Delta \alpha_1 = \Delta u_备 - \Delta u_故 = \frac{3\pi}{4} \cdot \frac{\Delta h}{a}$$

(2)故障卫星运行一圈能够自然消除的相位角 $\Delta \alpha_2$ 的计算如下:

$$\Delta \alpha_2 \approx 2\pi \sqrt{\frac{a^3}{\mu}} \cdot \frac{3\Delta h}{2a^2} \sqrt{\frac{\mu}{a}} = 3\pi \frac{\Delta h}{a}$$

实际中, S_b 不会超过3,从而有

$$\begin{cases} \Delta u \gg \Delta \alpha_1 \\ \Delta u \gg \Delta \alpha_2 \end{cases}$$

可见,通过直接的轨道高度调整和自然轨道偏差的作用实现两星相位角的调整需要较长的时间,不宜工程使用。

下面继续讨论备份卫星在服务轨道上的相位调整过程,该调整过程属于同轨道面相位重构问题。

(1)备份卫星替换故障卫星相位角距重构控制的椭圆转移轨道半长轴为

$$a_1 = (a - \Delta h) \left(1 - \frac{\Delta u}{2N\pi} \right)^{2/3}$$

（2）相位角距的重构时间为

$$\Delta t_1 = 2N\pi\sqrt{\frac{a_1^3}{\mu}}$$

（3）相位角距重构的特征速度为

$$\Delta V_1 = 2\left(\sqrt{\mu\left(\frac{2}{a-\Delta h} - \frac{1}{a_1}\right)} - \sqrt{\frac{\mu}{a-\Delta h}}\right)$$

2. 轨道高度修正

备份卫星从服务轨道转移到工作轨道采用霍曼转移，转移时间为

$$\Delta t_2 = \pi\sqrt{\frac{(a-\Delta h/2)^3}{\mu}}$$

最优转移轨道的特征速度为

$$\Delta V_2 = \sqrt{\frac{\mu}{a-\Delta h}}\left[\left(\frac{2n_T}{n_T+1}\right)^{1/2}(1-1/n_T) + \sqrt{n_T}-1\right]$$

式中：$n_T = a/(a-\Delta h)$。

根据前面的分析，将备份卫星从服务轨道转移到工作轨道的一次霍曼转移引起的相位差变化量 $\Delta\alpha_1$ 较小，在此不予考虑。

3. 轨道倾角修正

备份卫星服务轨道与工作轨道的高度差导致的轨道倾角调整量为

$$\Delta i = \frac{7\cos i}{2a\sin i}\Delta h$$

当备份卫星替换故障卫星后，修正轨道倾角需要的特征速度为

$$\Delta V_i = \sqrt{\frac{\mu}{a}}\Delta i = \frac{7\cos i}{2\sin i}\sqrt{\frac{\mu}{a^3}}\Delta h$$

采用在升交点和降交点两次控制来完成轨道倾角修正需要的控制时间为

$$\Delta t_i = \pi\sqrt{\frac{a^3}{\mu}}$$

得到备份卫星替换故障卫星的平均替换时间为

$$T_{\mathrm{TR}} = 2N\pi\sqrt{\frac{a_1^3}{\mu}} + \pi\sqrt{\frac{(a-\Delta h/2)^3}{\mu}} + \pi\sqrt{\frac{a^3}{\mu}}$$

备份卫星重构控制的平均特征速度为

$$V_{ch} = \Delta V_1 + \Delta V_2 + \Delta V_i$$

$$= 2\left[\sqrt{\mu\left(\frac{2}{a-\Delta h}-\frac{1}{a_1}\right)}-\sqrt{\frac{\mu}{a-\Delta h}}\right]+$$

$$\sqrt{\frac{\mu}{a-\Delta h}}\left[\left(\frac{2n_T}{n_T+1}\right)^{1/2}(1-1/n_T)+\sqrt{n_T}-1\right]+\frac{7\cos i}{2\sin i}\sqrt{\frac{\mu}{a^3}}\Delta h$$

备份卫星替换故障卫星的平均特征速度与轨道高度差、平均相位角距、平均替换时间相关，因此必须在轨道高度差、备份卫星数目、平均替换时间、重构特征速度之间根据卫星和星座的设计性能指标进行优化选择。图8-6给出了Walker 24/3/1，轨道倾角为55°，轨道高度为21528km的星座，当轨道高度差为100km，备份卫星数目为1、2、3时，重构控制平均特征速度随平均修复时间的变化情况。从图中可以看出，随着平均修复时间的增大，备份卫星数目对重构控制平均特征速度的影响逐步下降，当平均替换时间超过1个月时，备份卫星替换故障卫星的重构控制平均特征速度受每个轨道面备份卫星数目的影响很小。

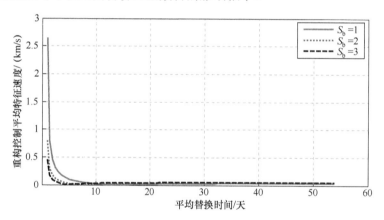

图8-6　平均修复时间对重构控制平均特征速度的影响

8.5　备份卫星燃料需求

按照目前中高轨卫星推进剂预算情况，卫星推进剂总携带量约为63kg，考虑到卫星相位捕获、轨道维持、相位调整、离轨机动等轨道控制任务，同时要完成卫星的姿态机动和姿态稳定控制等任务，卫星推进剂余量可能小于10kg，即备份卫星推进剂余量允许的轨道高度调整量小于150km。

综合分析，如果我国中高轨备份卫星采用抬高轨道的方式进行备份，与工作轨道高度差应大于100km且小于150km，初步选择抬高轨道高度120km进行备份，如表8-1所列。

表 8-1 不同相位调整时间的推进剂消耗

相位调整时间 Δt/天	相位调整角 Δu/(°)	半长轴调整量 Δa/km	速度增量 Δv/(m/s)	推进剂消耗量 Δm/kg
7	22.5	89.19	12.08	6.18
	180	713.55	96.64	50.02
10	22.5	62.43	8.46	4.32
	180	499.48	67.64	34.88
15	22.5	41.62	5.64	2.88
	180	332.99	45.1	23.18
20	22.5	31.22	4.22	2.16
	180	249.74	33.82	17.36
25	22.5	24.97	3.38	1.72
	180	199.79	27.06	13.88
30	22.5	20.81	2.82	1.44
	180	166.50	22.54	11.56

8.6 小结

本章讨论了星座备份卫星轨道选择与控制策略问题。首先总结梳理国外典型星座备份方案，提出针对全球导航星座的可能备份轨道设计方案，分析不同备份方案下备份轨道补网控制策略。冗余度设计使星座在出现故障卫星的情况下，仍然具有良好的性能。在此基础上，为了保证星座长期稳定运行，仍然需要用能够正常工作的卫星替换故障卫星，以保证星座的满站位运行状态。针对北斗卫星导航星座备份卫星轨道选择与控制策略进行研究，可以概括以下主要结论。

（1）从导航性能的角度对导航星座的冗余性进行分析，北斗二号全球星座有必要对中高轨 3 个轨道平面各部署 1 颗备份卫星。

（2）参考国外典型星座的备份卫星轨道方案，综合考虑我国中高轨备份卫星与工作轨道卫星的运行安全性以及操作可行性等因素，研究确定我国中高轨备份卫星生存轨道应选择与工作轨道相同的高度。

（3）备份卫星可以通过调整轨道半长轴实现快速替代故障卫星的目标，推进剂预算满足卫星 15 天调整 180° 相位的轨道控制任务要求。

参考文献

[1] 王许煜，胡敏，赵玉龙，等. 星座备份策略研究进展[J]. 中国空间科学技术，2020, 40(03): 43-55.

[2] 徐家辉，胡敏，张竞远，等. 中轨道导航卫星废弃轨道优化设计[J]. 航天控制，2019，37(06)：42-47.

[3] 郑典循，林合同，李琦，等. 导航星座快速补网轨道设计[C]. 长沙：第七届中国卫星导航学术年会论文集，2016：7-11.

[4] 周山山，焦健，孙强. 基于单星可靠度的星座可用性建模仿真[J]. 计算机应用，2014，34(S2)：344-347.

[5] 付晓锋，何晓峰. 失效导航卫星的快速响应补网轨道设计[C]. 上海：第二届中国卫星导航学术年会电子文集. 2011：611.

[6] 张基伟，梁俊，田斌. 基于 STK 的双层卫星星座设计及仿真[J]. 无线电通信技术，2010，36(06)：52-54.

[7] 赵颖. 俄罗斯发射 3 颗 GLONASS 补网卫星[J]. 遥测遥控，2003(02)：27.

09 第 9 章
星座离轨钝化控制

9.1 概述

本章讨论星座离轨钝化控制问题，主要讨论北斗离轨轨道选择过程，以及离轨轨道的稳定性问题；在飞行器寿命末期，对飞行器进行控制时要充分考虑剩余燃料的估计误差，以免离轨不当占用轨位，分析离轨控制预留燃料以及燃料估计精度和误差风险等问题。

机构间空间碎片协调委员会（IADC）于 2002 年正式通过了《IADC 空间碎片减缓指南》。主要内容包括对现有的限制空间碎片产生的做法进行评估，推荐能够有效减缓空间碎片产生的技术措施，其中对 GEO 和 LEO 轨道类型的航天器均给出了规定使用寿命终期的具体处置原则，对于其他运行轨道的处置要求为："对于在其他轨道区域且已完成在轨任务的空间系统，应实施轨道机动来缩短在轨寿命，寿命限制标准与近地轨道标准相当，对于在其他高利用区域造成干扰的空间系统应重新进行离轨处置。"

①离轨高度选择要求避开当前卫星运行轨道，并且具有足够的安全飞行区域；②自然摄动情况下 200 年内轨道高度变化小于 200km；③离轨后卫星剩余推进剂轨控能力小于 200km；④避开现有各导航系统工作区域及其离轨区域；⑤具有较大的安全漂移空间；⑥卫星具备到达该轨道高度的离轨能力。因此，对于中高轨道附近的卫星，IADC 仅给出了原则性的处理要求与建议，对轨道参数并无具体要求，需要由各卫星所属机构自行研究。

目前，全球导航星座中轨卫星主要为各国各机构现役和已离轨退役的全球导航卫星，包括美国的 GPS 卫星、俄罗斯的 GLONASS 卫星、欧盟的 Galileo 卫星以及我国的北斗中高轨卫星。

（1）美国 GPS 星座自 1978 年开始部署，至 2012 年在轨运行的 GPS 卫星数目多达 62 颗，其中 1978 年至 1993 年发射的 31 颗左右 GPS 卫星已退役停止服务，截至 2012 年 12 月尚有 30 颗左右 GPS 卫星正常在轨运行。退役的 GPS 卫星中有 20 余颗采用了抬高轨道的离轨处置策略，半长轴抬高 600～1400km，其余 10 颗位于工作轨道附近。

（2）俄罗斯 GLONASS 星座自 1982 年开始部署，至 2012 年，在轨运行的卫星数目约达 126 颗，其中 1982 年至 2007 年发射的 95 颗左右 GLONASS 卫星已退役停止服务，截至 2012 年 12 月尚有 31 颗左右 GLONASS 卫星在轨正常提供服务。退役的 GLONASS 卫星中仅有 1 颗采用降低 180km 方式离轨，其余 94 颗轨道高度均在其工作轨道高度 50km 范围内，未进行大规模的离轨操作。

（3）欧盟 Galileo 星座自 2005 年开始试验和部署，至 2012 年在轨运行的卫星数目为 6 颗，其中 2 颗已停止使用，并分别采用抬高 120km 和 600km 进行了离轨操作。

（4）北斗系统工作轨道与 20 多颗 GPS 退役卫星的远地点高度较为接近，如果选择降轨方式离轨，则存在与退役 GPS 卫星碰撞的风险。而在北斗试验星上方运行着 6 颗 Galileo 卫星，其中 2 颗采用升轨方式离轨退役，Galileo 卫星工作轨道比北斗全球星工作轨道高 1694km，2 颗离轨 Galileo 卫星，较其工作轨道分别抬高 120km 和 600km。因此，北斗离轨应采用升轨方式离轨，离轨高度可选择介于北斗工作轨道和 Galileo 卫星工作轨道之间或者高于 Galileo 卫星离轨高度两种方案。

9.2 离轨轨道选择

9.2.1 低于伽利略星座

如图 9-1 所示，离轨高度选择介于北斗和伽利略（Galileo）工作轨道之间，考虑北斗上面级轨道高度，以及上面级与伽利略（Galileo）的安全隔离范围，离轨高度设定为 22447km。

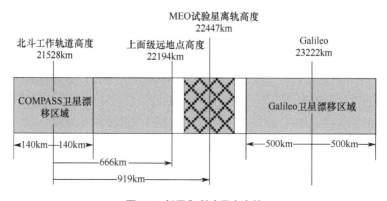

图 9-1 低于伽利略星座离轨

离轨轨道高度为 22447km，分析近地点幅角 0°～360°，在初始偏心率 $e \approx 2.187 \times 10^{-4}$ 情况下，200 年内偏心率的长期变化情况如图 9-2～图 9-5 所示。

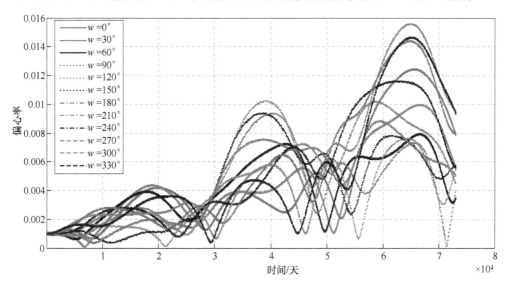

图 9-2　预测 200 年轨道偏心率变化情况（轨道高度 22447km）

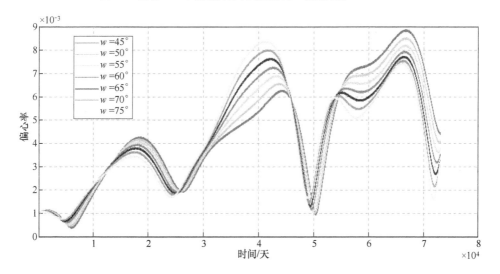

图 9-3　预测 200 年轨道偏心率变化情况（轨道高度 22447km，近地点幅角 45°～75°）

数值分析表明，近地点幅角位于 65° 和 170° 附近时长期变化最小。近地点幅角为 65° 情况下，200 年时间内，偏心率大小最大不超过 0.008，相应的近地点、远地点高度最大变化为 230km；近地点幅角为 170° 情况下，200 年时间内，偏心率大小最大不超过 0.009，相应的近地点、远地点高度最大变化 260km。

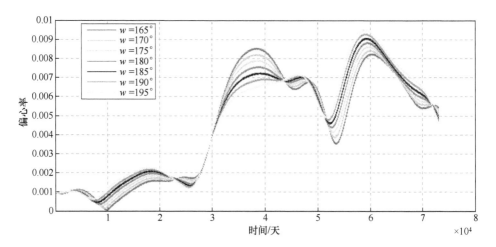

图 9-4 预测 200 年轨道偏心率变化情况（轨道高度 22447km，近地点幅角 165°～195°）

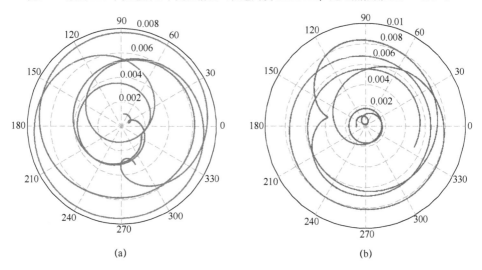

(a) (b)

图 9-5 预测 200 年偏心率矢量变化（轨道高度 22447km）

（a）近地点幅角 65°；（b）近地点幅角 170°。

数值分析结果：初始近地点幅角 60° 和 170° 附近，偏心率大小长期变化最小。在初始偏心率为 0.001 的情况下，近地点幅角 65°，200 年内偏心率大小不超过 0.008，相应的近地点、远地点高度最大变化 230km；近地点幅角 170°，200 年内偏心率大小不超过 0.009，相应的近地点、远地点高度最大变化 260km，不满足 200 年内轨道高度漂移不超过 200km 的要求。如果将初始偏心率降低至 0.0005，初始近地点幅角设为 65°，则 200 年内偏心率大小不超过 0.005，相应的近地点、远地点高度最大变化 150km，满足 200 年内轨道高度漂移不超过 200km 的要求。

中高轨试验星轨道为高度 21528km、倾角 55° 的圆轨道，在其切向施加 1m/s

的速度增量，其半长轴改变约为 14.767km。离轨轨道高度为 22447km，需抬高 919km，所需的速度增量约为 62.23m/s。

推进剂消耗计算公式如下：

$$\Delta m = m_0 \left(1 - e^{\frac{-\Delta v}{I_{SP} \times \eta \times g}}\right)$$

式中：Δv 为离轨速度增量；Δm 为推进剂消耗量；I_{SP} 为推力器比冲，$I_{SP} = 270s$；m_0 为卫星初始质量，$m_0 = 1520.15$；η 为发动机工作效率，$\eta = 0.82$；g 为重力加速度，$g = 9.80665$。

将半长轴抬高 919km，所需消耗燃料约 42.95kg。

9.2.2 高于伽利略星座

如图 9-6 所示，离轨高度选择高于伽利略（Galileo）所有卫星飞行高度，离轨高度设定为 24112km。

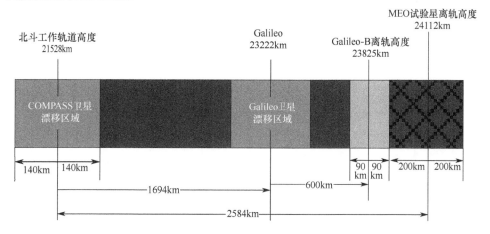

图 9-6 高于伽利略星座离轨

离轨轨道高度为 24112km，分析了近地点幅角 0°～360°，在初始偏心率 $e \approx 2.187 \times 10^{-4}$ 情况下，预测 200 年内偏心率长期变化情况，如图 9-7～图 9-9 所示。

数值分析表明，近地点幅角位于 60° 附近时长期变化最小。近地点幅角为 60° 情况下，200 年内偏心率大小最大不超过 0.009，相应的近地点、远地点高度最大变化 274km。

分析结果：当初始近地点幅角为 60° 时，偏心率大小长期变化最小。在初始偏心率为 0.001 的情况下，近地点幅角为 60°，200 年内偏心率大小不超过 0.009，相应的近地点、远地点高度最大变化 274km，不满足 200 年轨道高度变化不超过 200km 的要求。如果将初始偏心率降低至 0.0005，初始近地点幅角设为 60°，则 200 年内偏心率大小不超过 0.005，相应的近地点、远地点高度最大变化 152km，满足 200 年内轨道高度漂移不超过 200km 的要求，与方案一长期运行结果基本一致。因此，方案二也同样具有可实施性。

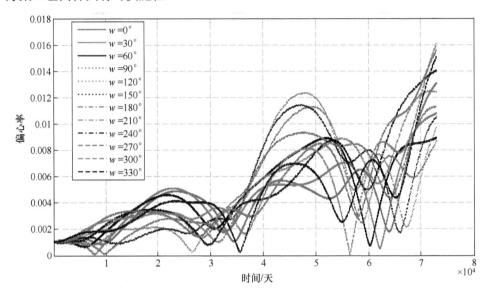

图 9-7 预测 200 年偏心率大小变化情况（轨道高度 24112km）

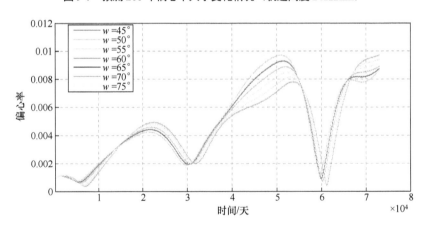

图 9-8 初始预测 200 年偏心率变化（轨道高度 24112km，近地点幅角 45°～75°）

中高轨试验星轨道为高度 21528km、倾角 55° 的圆轨道，在其切向施加 1m/s 的速度增量，其半长轴改变约为 14.767km。若离轨轨道高度为 24112km，需抬高 2584km，所需速度增量为 174.98m/s。推进剂消耗计算公式如下：

$$\Delta m = m_0 \left(1 - e^{\frac{-\Delta v}{I_{\mathrm{SP}} \times \eta \times g}} \right)$$

式中：Δv 为离轨速度增量；Δm 为推进剂消耗量；I_{SP} 为推力器比冲，$I_{SP} = 270s$；m_0 为卫星初始质量，$m_0 = 1520.15$；η 为发动机工作效率，$\eta = 0.82$；g 为重力加速度，$g = 9.80665$。

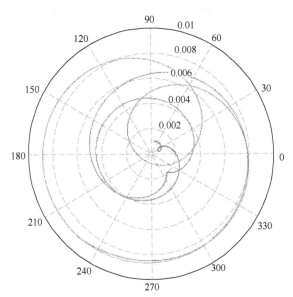

图 9-9 预测 200 年偏心率矢量变化（轨道高度 24112km，近地点幅角 60°）

将半长轴抬高 2584km，所需消耗燃料约为 117.70kg。

9.3 离轨轨道冻结要求

对于中高非共振卫星轨道，半长轴没有长周期摄动影响，只有周期性振荡，周期等于半个轨道周期。偏心率矢量受地球引力场、日月引力、太阳辐射压力等摄动影响，存在长期摄动，导致近地点高度和远地点高度不断变化。其中太阳辐射压力对偏心率矢量有周期性影响，周期为 1 年，日月引力对偏心率矢量的影响也是周期性的，影响偏心率矢量长期变化的主要原因为地球非球形引力场。

根据冻结轨道对偏心率和近地点幅角变化率的约束，基于考虑 J_2、J_3 项的轨道摄动模型，通过解析法或数值法初步估算冻结轨道的偏心率和近地点幅角。即求解如下的冻结方程：

$$\begin{cases} \dfrac{de}{dt} = 0 = \dfrac{3J_3 n}{2(1-e^2)^2}\left(\dfrac{R_e}{a}\right)^3 \sin i \left(1 - \dfrac{5}{4}\sin^2 i\right)\cos \omega \\[4mm] \dfrac{d\omega}{dt} = 0 = \dfrac{3J_2 n}{(1-e^2)^2}\left(\dfrac{R_e}{a}\right)^2 \left(1 - \dfrac{5}{4}\sin^2 i\right)\left(1 + \dfrac{J_3}{2J_2(1-e^2)}\left(\dfrac{R_e}{a}\right)\dfrac{\sin i \sin \omega}{e}\right) \end{cases}$$

式中：a 为半长轴；e 为偏心率；i 为轨道倾角；ω 为近地点幅角。

利用近地点幅角在 90° 或 270° 时，满足偏心率变化率等于 0；同时令近地点幅角变化率等于 0，寻找满足等式成立的偏心率，实现近地点幅角和偏心率的冻结，这时满足冻结条件的偏心率称为冻结偏心率。通过解析上述方程得到初始冻结偏心率的估算方程，如下：

$$e \approx -\frac{J_3}{2J_2}\left(\frac{R_e}{a}\right)\sin i$$

当轨道倾角为临界倾角时，初始的轨道倾角为 63.4° 或 116.6°，初始的偏心率根据其他任务条件确定，初始的近地点幅角为 270°。以 8000km 半长轴、56° 倾角的轨道为例，估计的平偏心率为 $e=0.00077281$。

按北斗卫星导航星座卫星标称轨道，平半长轴 a 为 27906km，标称倾角 i 为 55°，初始冻结偏心率的估算值平偏心率 e 约为 2.187×10^{-4}。

9.4 离轨燃料评估要求

准确监控和评估卫星剩余燃料是成功实现卫星离轨的前提，因此，计算和评估卫星剩余燃料是星座保持控制中心的重要任务。本节以北斗卫星应用的落压式液体推进剂在轨计算和评估为例，说明卫星剩余燃料计算和评估方法，给出了"温压式"估计算法及其误差传播方程，并分析了典型的减压式推进系统"温压式"估计算法的精度，讨论了飞行器寿命末期应用 PVT 法的局限性。得出结论：随着飞行器燃料储箱压力的逐渐降低，PVT 法估计剩余燃料的误差逐渐增大，特别是在飞行器寿命末期，对飞行器进行离轨控制时要充分考虑剩余燃料的估计误差，以免对飞行器应用造成无可挽回的损失。

PVT 法剩余燃料估计函数。在理想气体核燃料储箱容积不变的假设下，减压式推进系统剩余燃料 M 有如下估计：

$$M = V_T\rho - \frac{T}{T_0}\cdot\frac{P_0}{P}\cdot\frac{\rho}{\rho_0}(V_T\rho - M_0)$$

式中：V_T 为储箱总容；ρ 为燃料密度；ρ_0 为燃料加注时密度；T 为当前储箱温度；P 为当前储箱压力；T_0 为加注时储箱温度；P_0 为加注时储箱压力；M_0 为燃料加注质量。

设随机变量 F,x,y,z，满足的函数关系为 $F=f(x,y,z)$，x,y,z 的随机测量均方差分别为 $\delta x,\delta y,\delta z$，则随机变量 F 的均方差，满足下面的误差传播方程

$$\delta F = \sqrt{\left(\delta x\cdot\frac{\partial f}{\partial x}\right)^2 + \left(\delta y\cdot\frac{\partial f}{\partial y}\right)^2 + \left(\delta z\cdot\frac{\partial f}{\partial z}\right)^2}$$

对剩余燃料函数测量随机差传播满足方程:

$$\delta M = \sqrt{\begin{array}{l}\left(\delta V_{\mathrm{T}}\cdot\dfrac{\partial M}{\partial V_{\mathrm{T}}}\right)^2+\left(\delta P\cdot\dfrac{\partial M}{\partial P}\right)^2+\left(\delta T\cdot\dfrac{\partial M}{\partial T}\right)^2+\left(\delta M_0\cdot\dfrac{\partial M}{\partial M_0}\right)^2\\+\left(\delta P_0\cdot\dfrac{\partial M}{\partial P_0}\right)^2+\left(\delta T_0\cdot\dfrac{\partial M}{\partial T_0}\right)^2+\left(\delta\rho\cdot\dfrac{\partial M}{\partial\rho}\right)^2+\left(\delta\rho_0\cdot\dfrac{\partial M}{\partial\rho_0}\right)^2\end{array}}$$

式中:

$$\frac{\partial M}{\partial V_{\mathrm{T}}}=(V_{\mathrm{T}}\rho-M)\cdot\left(\frac{\rho}{V_{\mathrm{T}}\rho-M}-\frac{\rho_0}{V_{\mathrm{T}}\rho_0-M_0}\right)$$

$$\frac{\partial M}{\partial P}=(V_{\mathrm{T}}\rho-M)\cdot\frac{1}{P}$$

$$\frac{\partial M}{\partial T}=-(V_{\mathrm{T}}\rho-M)\cdot\frac{1}{T}$$

$$\frac{\partial M}{\partial M_0}=(V_{\mathrm{T}}\rho-M)\cdot\frac{1}{V_{\mathrm{T}}\rho_0-M_0}$$

$$\frac{\partial M}{\partial P_0}=-(V_{\mathrm{T}}\rho-M)\cdot\frac{1}{P_0}$$

$$\frac{\partial M}{\partial T_0}=(V_{\mathrm{T}}\rho-M)\cdot\frac{1}{T_0}$$

$$\frac{\partial M}{\partial\rho}=(V_{\mathrm{T}}\rho-M)\cdot\frac{M}{V_{\mathrm{T}}\rho-M}\cdot\frac{1}{\rho}$$

$$\frac{\partial M}{\partial\rho_0}=-(V_{\mathrm{T}}\rho-M)\cdot\frac{1}{V_{\mathrm{T}}\rho_0-M_0}\cdot\frac{M_0}{\rho_0}$$

整理方程,得到当前推进系统剩余燃料计算的均方误差函数为

$$\delta M=(V_{\mathrm{T}}\rho-M)\sqrt{\begin{array}{l}\left(\dfrac{\delta V_{\mathrm{T}}\rho}{V_{\mathrm{T}}\rho-M}-\dfrac{\delta V_{\mathrm{T}}\rho_0}{V_{\mathrm{T}}\rho_0-M_0}\right)^2+\left(\dfrac{\delta P}{P}\right)^2+\left(\dfrac{\delta T}{T}\right)^2\\+\left(\dfrac{\delta M_0}{V_{\mathrm{T}}\rho_0-M_0}\right)^2+\left(\dfrac{\delta P_0}{P_0}\right)^2+\left(\dfrac{\delta T_0}{T_0}\right)^2+\\\left(\dfrac{\delta\rho M}{\rho(V_{\mathrm{T}}\rho-M)}\right)^2+\left(\dfrac{\delta\rho_0 M_0}{\rho_0(V_{\mathrm{T}}\rho_0-M_0)}\right)^2\end{array}}$$

式中:δV_{T} 为储箱总容积 V_{T} 的测量均方误差;δP 为当前储箱压力采样随机均方差,

由压力传感器的测量随机差 δP_c 和量化误差 δP_k 两部分构成，即 $\delta P = \sqrt{\delta P_c^2 + \delta P_k^2}$；$\delta T$ 为当前储箱温度采样随机均方差，由储箱温度传感器的测量随机差 δT_c 和量化误差 δT_k 两部分构成，即 $\delta T = \sqrt{\delta T_c^2 + \delta T_k^2}$；$\delta M_0$ 为燃料加注质量均方误差；δP_0 为加注时储箱压力测量误差；δT_0 为加注时储箱温度测量误差；$\delta \rho$ 为燃料当前密度测量均方误差，$\delta \rho = \delta T \cdot \dfrac{\partial \rho(T)}{\partial T}$；$\delta \rho_0$ 为燃料加注时密度测量均方误差，$\delta \rho_0 = \delta T_0 \cdot \dfrac{\partial \rho(T)}{\partial T}$。

如上分析，利用温压法估计剩余燃料的精度，有两部分误差因素：一部分是推进系统的初始状态及测量误差；另一部分是推进系统当前温压状态。通常，推进系统在地面加注燃料时，储箱体积、加注燃料质量、燃料密度、加注时的温度和压力参数，会得到尽量精确的测量值，但测量随机差仍然不可避免。另外，当前储箱的温度和压力参数，由压力和温度传感器采样并量化，同样存在采样随机差核量化误差。本节以一种典型推进系统为例，分析温压法估计剩余燃料的精度。

推进系统的初始状态及测量误差如下。

储箱体积：$V_T = 0.15\mathrm{m}^3, \delta V_T = 0.0005\mathrm{m}^3$

加注时储箱温度：$T_0 = (273.15 + 18.0)\mathrm{K}, \delta T_0 = 1\mathrm{K}$

加注时储箱压力：$P_0 = 300\mathrm{Pa}, \delta P_0 = 5\mathrm{Pa}$

燃料加注时密度：$\rho_0 = 1006.3\mathrm{kg}/\mathrm{m}^3, \delta \rho_0 = 0.95\mathrm{kg}/\mathrm{m}^3$

燃料加注量：$M_0 = 116\mathrm{kg}, \delta M_0 = 1.5\mathrm{kg}$

当前储箱压力、温度参数如下。

压力传感器采样误差和量化误差：$\delta P_c = 5 \cdot \mathrm{Pa}, \delta P_k = 0.5 \cdot \mathrm{Pa}$

温度传感器采样误差和量化误差：$\delta T_c = 1 \cdot \mathrm{K}, \delta T_k = 0.05 \cdot \mathrm{K}$，由误差传递函数，得到

$$\delta P = 5.025(\mathrm{Pa}), \delta T = 1.0012(\mathrm{K}), \delta \rho = 0.96\mathrm{kg}/\mathrm{m}^3$$

假设当前下行遥测温度为 $T = (273.15 + 21)\mathrm{K}$，按剩余燃料估计函数和误差传播方程，剩余燃料估计值、最大值、最小值随压力的变化关系（1σ）见图 9-10、图 9-11，为估计误差随压力的变化曲线，特别是在飞行器寿命末期，剩余燃料的估计精度见图 9-12。可以看出：随着储箱压力的逐渐降低，温压法估计剩余燃料的误差逐渐增大，特别在飞行器寿命末期，对飞行器进行控制时要充分考虑剩余燃料的估计误差，以免对飞行器应用造成无可挽回的损失。

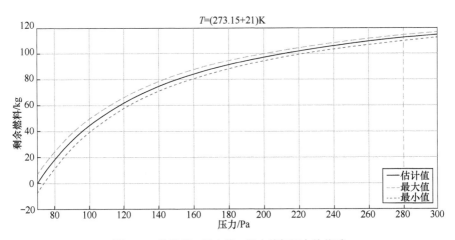

图 9-10　估计值、最大值、最小值与压力的关系

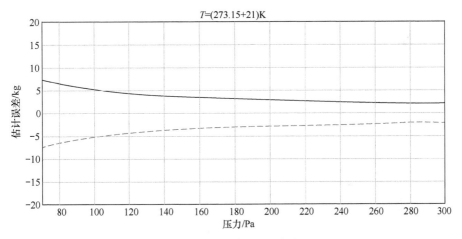

图 9-11　估计误差与压力的关系

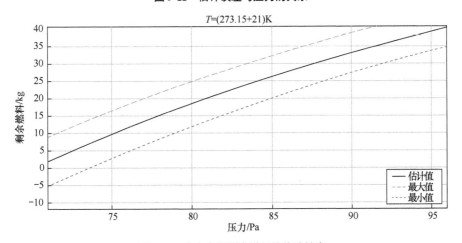

图 9-12　寿命末期剩余燃料的估计精度

9.5　离轨控制参数计算

某试验星于 2013 年 8 月 6 日离轨，其轨道参数见表 9-1。

表 9-1　离轨卫星轨道根数列表

轨道参数	J2000 平根	J2000 瞬根
历元（北京时间）	2013-06-13 08:00:00.00	2013-06-13 08:00:00.00
a/km	27909239.295100	27910580.391700
e	0.0002787468	0.0003029760
i/(°)	56.9146482000	56.9155209000
Ω/(°)	15.5602282000	15.5610341000
ω/(°)	165.835718	171.4284354000
M/(°)	32.522203	171.4284354000

2013-08-06 开始采用双脉冲进行轨道高度调整，第一批次于 2013-08-06 08:36:49.92 开始点火，点火总时长为 2749.440s；第二批次于 2013-08-07 17:36:44.92 开始点火，点火总时长为 3312.640s。经过两批次控制，将卫星抬高至半长轴为 28825km 的目标圆轨道，偏心率为 0.00042，近地点幅角为 65.65°。计算结果如图 9-13、图 9-14 所示。

离轨控制策略				
批次	第1批次		第2批次	
Δv(m/s)	30.850		29.700	
Δm(kg)	20.302		24.627	
	点火点	熄火点	点火点	熄火点
时间	2013年08月06日 08时36分49.920秒	2013年08月06日 09时22分39.360秒	2013年08月07日 17时36分44.920秒	2013年08月07日 18时31分57.560秒
a/m	27909318.7	28373852.1	28373781.9	28825161.2
e	0.000376	0.016334	0.016330	0.000421
i/(°)	56.94261	56.94290	56.94524	56.94512
Ω/(°)	13.75651	13.75534	13.71219	13.71070
ω/(°)	163.22475	64.85840	64.87044	65.65155
M/(°)	249.26388	8.71123	167.01389	191.02312
交叉点经度/(°)	91.33965	97.34161	98.99854	107.98044
经度/(°)	85.45634	100.38631	128.46671	146.41363
纬度/(°)	41.88174	53.81926	-41.77960	-54.83444
太阳赤经/(°)	136.032	136.062	137.346	137.383
太阳赤纬/(°)	16.700	16.692	16.318	16.307
经度漂移率/(°/圈)	166.14092	161.28084	161.28158	156.52085
日星地夹角/(°)	103.254	120.863	78.098	57.972
远地点偏差/m	10726.400	928229.500	928056.600	928203.200
近地点偏差/m	-10248.900	1314.800	1347.200	903959.200

图 9-13　离轨控制策略

离轨控制参数								
启控时刻	推力方向	推进分支	使用推进器	推力/N	控制量/ (m/s)	燃耗量/kg	标定系数	
2013-08-06 08:36:49.920	卫星加速	A分支	2,3推力器	39.925	30.850	20.302	0.820	
连续点火长度	脉冲点火长度	脉冲次数	起始脉冲周期	起始脉宽	递增脉宽	最大脉宽	占空比OFF	
1324.800	2749.440	537	5.120	0.064	0.064	2.560	2.560	

	T	Ms/kg	a/m	e	i/(°)	Ω/(°)	ω/(°)	M/(°)
点火点	2013年08月06日 08时36分49.920秒	1414.741	27909318.7	0.000376	56.94261	13.75651	163.22475	249.26388
熄火点	2013年08月06日 09时22分39.360秒	1394.439	28373852.1	0.016334	56.94290	13.75534	64.85840	8.71123

	θse/(°)	Ψ/(°)	在轴角/(°)	离轴角/(°)	太阳赤经/(°)	太阳赤纬/(°)	精度漂移率/ (°/圈)	敏感器	偏航角偏置/ (°)
点火点	103.254	0.000	-32.43162	15.60456	136.032	16.700	166.14092	S13	0.00000
熄火点	120.863	0.000	-37.44560	36.97939	136.062	16.692	161.28084		
调偏航开始时刻	α00/(°)	α01/(°)	C_6/(°)	Cφ/(°)	调偏航时刻偏航角/(°)		熄火15分钟后偏航角/(°)	
2013-08-06 08:16:49.920	-29.86458	-0.00181	-0.23488	-0.33684	31.862613		40.37770	

图 9-14　离轨控制参数

9.6　小结

本章讨论了星座离轨钝化控制问题。讨论了北斗离轨轨道选择过程，以及离轨轨道的稳定性问题；在飞行器寿命末期，对飞行器进行控制时要充分考虑剩余燃料的估计误差，以免离轨不当占用轨位，分析了离轨控制预留燃料以及燃料估计精度和误差风险等问题，可以概括总结如下。

（1）针对星座卫星失效模式和星座重组机动控制方法进行研究，提出星座重组过程大范围轨道机动的优化、安全控制策略；然后在星座冗余特性研究和国外典型星座备份方案调研的基础上，开展我国导航星座备份卫星轨道选择分析与轨道控制策略研究。研究成果可为工程总体开展"大型星座构型保持与最优轨道控制技术研究"攻关工作提供必不可少的技术支持。

（2）给出了 PVT 法估计推进系统剩余燃料的均方误差传递函数，以典型的减压式推进系统为例，分析了剩余燃料估计值及估计误差随压力的变化关系。在飞行器寿命末期，对飞行器进行控制时要充分考虑 PVT 法剩余燃料的估计误差，以免对飞行器应用造成无可挽回的损失。

参考文献

[1] 陈荔莹，徐东宇，赵振岩. 国外卫星星座自主运行技术发展综述[J]. 航天控制，2008(02): 92-96.

[2] 范丽，张育林. 区域覆盖混合星座设计[J]. 航天控制，2007(06): 52-55.

[3] 杨博. 亚马逊披露星座服务目标及部署和离轨方案[J]. 中国航天，2019(08): 69-71.

[4]　徐家辉, 胡敏. 导航卫星轨道安全性分析及离轨处置策略综述[J]. 兵器装备工程学报, 2018, 39(12): 137-141.

[5]　周静, 杨慧, 王俐云. 中高轨道卫星离轨参数研究[J]. 航天器工程, 2013, 22(02): 11-16.

[6]　肖业伦, 李晨光, 陈绍龙. 近地卫星和星座离轨机动研究[J]. 空间科学学报, 2006(02): 155-160.

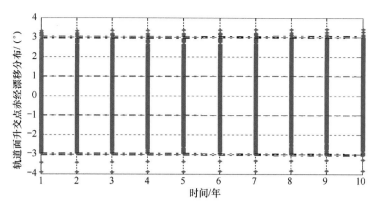

图 3-6　第一轨道面升交点赤经漂移演化分布图

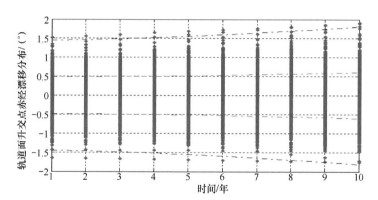

图 3-7　第二轨道面升交点赤经漂移演化分布图

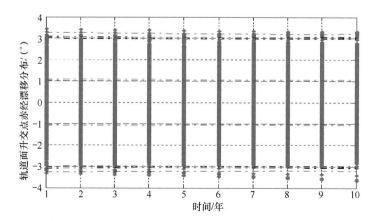

图 3-8　第三轨道面升交点赤经漂移演化分布图

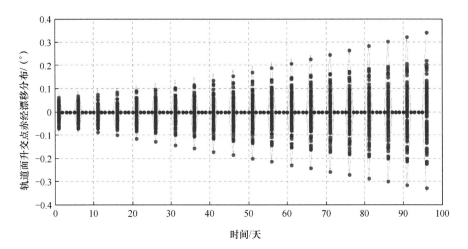

图 3-10　低轨星座（高度 400km）相对赤经演化

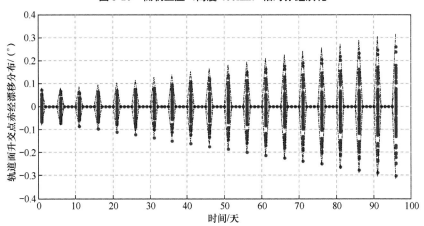

图 3-11　低轨星座（高度 1000km）相对赤经演化

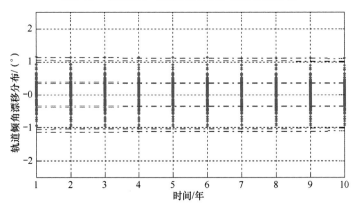

图 3-14　星座相对倾角 10 年演化过程

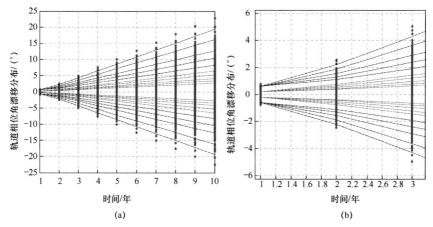

图 3-18　第一轨道面相位角漂移演化分布

（a）10 年相位漂移；（b）3 年相位漂移。

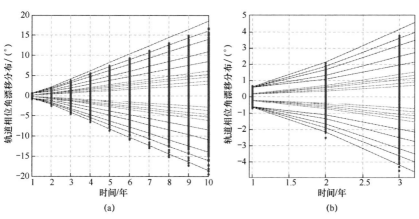

图 3-19　第二轨道面相位角漂移演化分布

（a）10 年相位漂移；（b）3 年相位漂移。

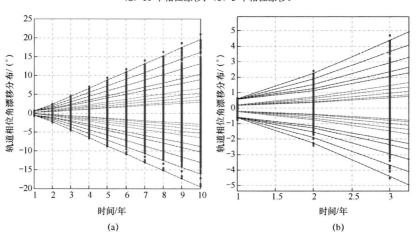

图 3-20　第三轨道面相位角漂移演化分布

（a）10 年相位漂移；（b）3 年相位漂移。

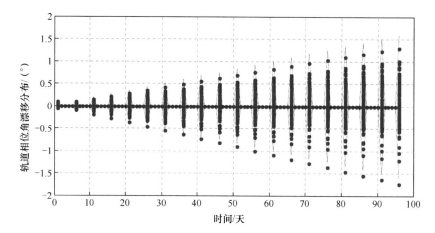

图 3-22 低轨星座（400km）相位演化分布

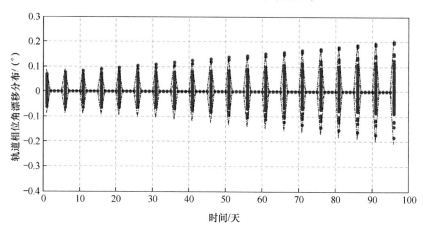

图 3-23 低轨星座（1000km）相位演化分布

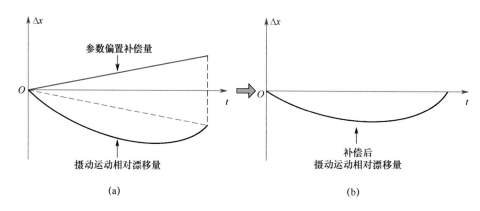

图 4-1 摄动补偿偏置方法示意图

（a）相对摄动（黑色）和偏置补偿（红色）；（b）补偿后相对摄动量。

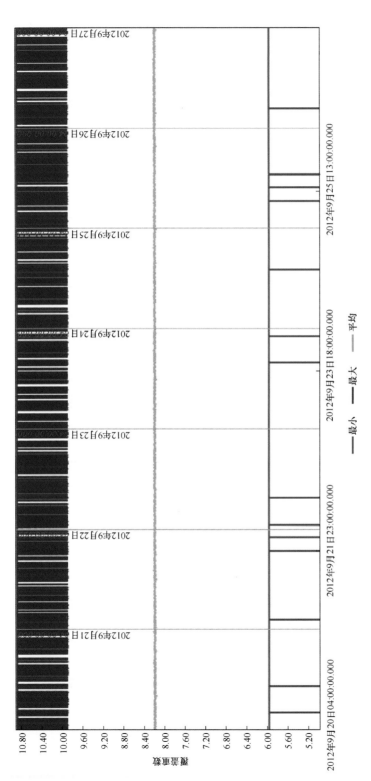

图 6-7 初始相位角偏移 7° 时全球覆盖重数统计值

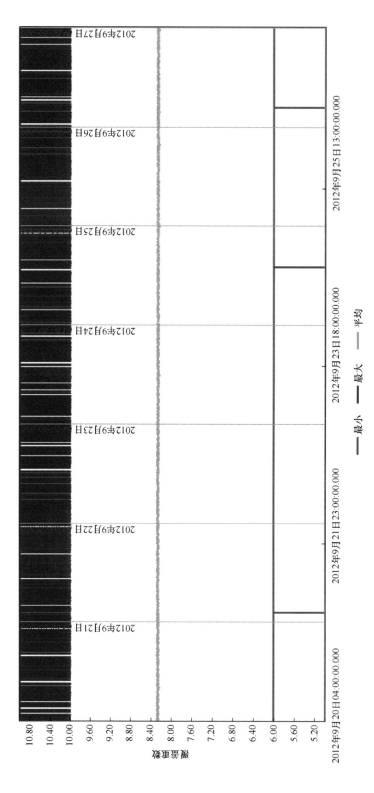

图 6-8 初始升交点赤经偏移 8° 时全球覆盖重数统计值